KB263588

부부가 함께 고치고 꾸미는

낡고 작은 집
인테리어

부부가 함께 고치고 꾸미는

낡고 작은 집
인테리어

초판　1쇄 발행 2014년　4월 20일
　　　　2쇄 발행 2014년 12월 20일

지은이　김세인·라태화
펴낸이　한승수
펴낸곳　문예춘추사
편집　고은정 이다연 유다현
마케팅　심지훈
디자인　이하나

등록번호　제300-1994-16
등록일자　1994년 1월 24일
주소　서울특별시 마포구 연남동 565-15 지남빌딩 309호
전화　02-338-0084
팩스　02-338-0087
E-mail　moonchusa@naver.com

ISBN　978-89-7604-146-3　13590

※책값은 뒤표지에 있습니다.
※잘못된 책은 구입처에서 교환해 드립니다.

부부가 함께 고치고 꾸미는

낡고 작은 집
인테리어

김세인·라태화
글·사진

낡고 작은 집 인테리어

PART 05 실전 DIY

부록 : 침대 도면
　　　　숨는 식탁 도면
　　　　4단 서랍장 도면
　　　　나무 벤치 도면
　　　　등 박스 도면
　　　　다기능 수납 소파 도면

페인트 할인 쿠폰

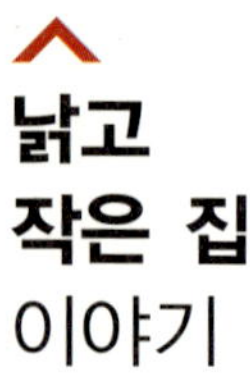

낡고
작은 집
이야기

'깨끗하고, 낡지 않고, 해가 잘 들었으면 좋겠어. 따뜻한 느낌이 드는 집 말야. 거기에 적당히 넓으면 좋겠고. 물론 예쁘면 더 좋겠지.'

대다수의 사람들이 바라는 집의 모습은 아마도 저런 것들이 아닐까? 하지만 현실 앞에 놓인 여러 사정상, 많은 사람들이 그런 기대와는 사뭇 다른 집에 살게 되고는 한다.

우리의 결혼 생활은 대출받은 2천만 원으로 마련한 전셋집에서 시작됐다. 지은 지 20년이 훌쩍 넘어, 몇 년 안에 허물 예정인 아파트의 5층 꼭대기 맨 끝에 있는 집이었다. 짝이 맞지 않는 창문, 누군가 싸우다 부순 것 같아 보이는 뚫어진 방문이 있는 낡은 집이었지만 화장실이 밖에 따로 있는 곳에서 자취를 하다 결혼을 해서 그랬는지, 아니면 우리가 가진 것에 비해 나름 좋은 집을 얻었기 때문이었는지는 몰라도 우리는 별 불만이 없었다. 그 집에는 하늘색과 보라색이 뒤섞인 아주 묘한 벽지가 발라져 있었는데도 불구하고, 신혼이었던 우리는 도배도 새로 하지 않고 그렇게 새로운 보금자리를 꾸렸다.

시간이 조금 지나 주변 친구나 선후배들이 하나 둘 결혼을 했고, 우리는 점점 집들이에 갈 일이 많아졌다. 평소와 마찬가지로 어느 집의 집들이를 다녀오던 어느 날 갑자기 남편이 말했다. "여보, 왜 우리는 집들이에 갔다 올 때마다 말이 없어지지?"

평소에는 조잘거리며 많은 대화를 나누던 우리였는데, 남편 말을 듣고 보니 정말 집들이를 다녀오는 길에는 약속이나 한 것처럼 서로 입을 꾹 다문 채 한마디도 하지 않고 있었다.

'우리 집은 왜 이럴까?'라는 생각을 해 본 적도 없고, 집에 관한 이야기를 나눈 적도 없었던 우리였지만, 아마 다른 부부들의 예쁜 집을 보고 나서 마주한 우리 집의 현실이 별로 마음에 들지 않았던가 보다.

어려서 혹은 젊어서는 큰 문제를 느끼지 못하다가도, 보통의 사람들은 대부분 결혼을 하면서 자신의 경제적 위치가 얼마큼 되는지를 인식하게 되는 것 같다. 학생 때는 눈에 띄지 않던 것들이 결혼을 준비하기 시작하면서 큰 차이를 보이고, 집을 얻게 되는 순간 그것을 온몸으로 체감하게 되는 것이다. 친구들이, 선후배가, 직장동료들이 좋은 환경에서 행복하게 살고 있는 것은 축하하고, 함께 기뻐할 일이지만, 그것과는 별도로 내 안에는 내가 처한 현실에 대한 미묘한 아쉬움이 따라오게 되니까 말이다.

결혼한 지 10년이 넘어서 처음 시도해 본 셀프 인테리어는 우리 안에 있던 그런 작은 아쉬움을 상쇄시켜 주고, 조금 더 긍정적인 효과를 가져다주는 계기가 되었다.

사실 그동안 '인테리어'라는 단어를 들으면 머릿속에 제일 먼저 떠오르는 것은 번쩍이는 내장재, 큰돈을 들인 공사 같은 것들이었기 때문에 집을 꾸민다는 것은 여유 있는 사람들의 취미 생활 내지는 사치(?)라는 생각이 내 가슴 한편에 있었다. 그런데 지금의 집으로 이사를 오고, 셀프 인테리어라는 것을 처음으로 시도해 보면서 인테리어에 대한 우리 부부의 시선이 많이 달라졌다.

집을 꾸민다는 것에는 예쁜 집에서 살고 싶은 마음, 다른 사람들에게 보여 주고 싶은 자랑거리 같은 요소들도 있기는 하겠지만, 가장 기본적으로는 살아가는 사람의 필요와 성향에 맞게 집을 손봐서 결국 우리의 삶을 편리하게 만들어 주며, 편히 쉴 수 있는 공감으로 만들어 가는 것이라는 사실을 깨달았기 때문이다.

많은 비용을 투자하고 긴 시간을 들여 인테리어를 하더라도 그 공간에 '실제 사용하는 사람들의 필요'가 충분히 반영되어 있지 않다면 그곳은 예쁘고 멋진 공간일지는 몰라도 편하고 즐거운 집이 되기는 힘들 것 같다는 생각이 든다.

그래서 스스로 자신의 집을 고치고 꾸미는 것에 매력이 있다. 직접 하게 되면 몸이 고단하고 전문가보다 완성도가 조금 떨어지는 면은 있지만, 훨씬 저렴한 비용에 변화를 주는 것이 가능하고, 여건과 상황이 될 때마다 조금씩 만들고 고쳐 나갈 수 있기 때문에 목돈이 들어간다는 부담도 없다. 내 취향에 따라 내가 원하는 분위기가 될 때까지 계속 만들어 갈 수 있고, 혹 문제가 좀 있더라도 365일 휴일 없는 자체 A/S도 가능하다. 그리고 무엇보다 그렇게 스스로 만들어 간 집은 구석구석 추억과 이야깃거리가 생긴다. 가족이 함께 만들어 가면 그만큼 함께 공유할 추억이 많아지고 그러다 보면 단순히 집이 예뻐질 때 느낄 수 있는 것 이상의 감정들이 생기기 마련이다. 거기에 실전을 통해 몸에 익힌 나름의 기술은 덤으로 얻을 수 있는 것이다.

우리 부부는 좀 더 저렴하게 도배를 해결할 수 있는 방법을 찾다가 셀프 인테리어의 세계에 발을 들여놓게 되었다. 그러나 시간이 지나고 보니 그 불편했던 환경이 결국 우리에게 더 좋은 기회를 만나게 해 주었다. 어지간히 살 만했다면, 너무 지저분하지만 않았다면, 좀 더 금전적 여유가 있었다면 아마 이 일에 관심을 갖지도, 발을 들이지도 않았을지 모른다. 그런데 우리는 그런 불편함 덕분에 그동안 몰랐던 좋은 길을 만난 셈이다.

셀프 인테리어를 하며 가장 많이 달라진 것은 아무래도 집의 모습이겠지만, 그것 외에도 우리에게 찾아온 변화는 적지 않았다. 일례로, 집을 손보기 시작하고 3년쯤 되었을 때, 우리는 40평대 새 아파트로 이사한 친구의 집들이에 다녀올 일이 있었다. 집이 넓고 깨끗해 부러운 마음이 들기는 했지만, 예전과 달리 내 마음에는 우리 집과 남의 집을 비교하면서 느끼던 아쉬운 마음이 들지 않았고, 집으로 오는 길에 침묵만 흐르던 그 시간에 우리 부부는 여전히 수다의 꽃을 피우고 있었다. 친구의 새 아파트에 비하면 많이 작고 낡기는 했지만 우리의 손길이 곳곳에 묻어 있는 우리 집이 훨씬 좋았다.

전에는 인터넷이나 TV를 통해 예쁜 펜션을 보게 되면 그곳에 한번 놀러가 보고 싶다는 생각을 종종 했었다. 그런데 셀프 인테리어를 시작하고 나서는 그런 생각이 별로 들지 않는다. 예전에는 예쁜 가구점을 지날 때마다 '우리 집에도 저런 가구를 놓을 수 있으면 얼마나 좋을까?'라는 부러움이 들었지만, 이제는 그런 예쁜 가구를 봐도, '내가 저걸 만들 수 있을까? 우리 집에는 이런 디자인으로 고치면 더 어울리겠지?' 하며 아이디어를 얻기 바쁘다. 이제 나는 그렇게 고쳐 쓰고, 새로 만들고 하는 사람이 되면서 무언가를 새로 사며 집을 채우는 일은 거의 없어졌다.

얼마 전 우리 부부는 함께 이런 이야기를 나누며 웃었던 적이 있다. "우리가 앞으로도 새집으로 이사 갈 일은 별로 없겠지만, 만약 그런 상황이 된다고 해도 나는 새 집은 별로야. 변신시키는 재미가 없잖아!"

처음에는 답답하고 막막하게 느껴졌던 일들이 이제는 새로운 도전 과제처럼 느껴진다. 당분간 우리 부부의 삶에서 낡은 집을 만나는 것은 계속되겠지만 그래도 이제는 한숨을 먼저 내쉬는 것이 아니라 그 상황을 즐길 수 있게 되었다. 이것 또한 셀프 인테리어를 하면서 얻게 된 것이라는 생각이 든다. 물론, 지금보다 더 넓은 집이라면 언제든 대환영이지만.

우리 집에 대한 이야기를 책에 담기로 결정하기까지 고민을 많이 했던 이유는, 집이라는 것 자체가 워낙 지역적 차이도 심하거니와 개인적 취향이라는 것이 제각각이기 때문에 내 집을 소개하며 내 방식을 알려 주는 것이 많이 조심스럽고 부담 되는 일이었기 때문이다.

전셋집이라 하더라도 서울 경기 권에는 2, 3억을 넘어가는 집들이 많다. 그런데 지방이라면 마당이 있는 자가 주택을 5, 6천에도 구할 수 있는 것이 현실이다. 그래서 어느 지역인지, 집의 형태와 크기가 어떤지에 따라 이 책을 보며 느끼는 감정이 많이 다를 수 있겠다는 생각이 든다. 15평 집을 작다고 얘기하면, 이 정도 넓이를 목표로 둔 사람들에게는 배부른 소리로 느껴질 수도 있고, 20년이 돼 가는 이 집을 낡았다고 표현하면, 지은 지 30년 넘는 집에 사는 사람들에게는 그게 뭐가 낡았다는 건가 싶을 수 있을 테니 말이다.

우리 부부도 지금 살고 있는 이 집을 낡은 집이라고 부르지만, 결혼 후 10년 동안 살아온 집들은 20년을 훌쩍 넘은 집들이었기에 그나마 이전에 비해 연식이 가장 젊은 집이기도 하다. 그래서 우리 집을 '낡고 작은 집'이라 이름 붙이는 것이 못내 마음에 걸리기도 했다.

하지만 모든 상황에 맞추어 이야기를 할 수는 없으므로, 통념적으로 소형 주택이라 분류되는 24평 미만을 기준으로 하여, 실 평수 $49.6 m^2$(14.9평)인 우리 집을 작은 집으로, 그리고 지은 지 20년이 넘었으니 낡은 집이라 이름 붙여 보았다.

'저 정도가 낡은 거라고?' 싶으신 분들은 지금 속으로 욕 한 번 하시고 그저 '저 사람들은 저렇게 살고 있구나……' 하는 편한 마음으로 책을 봐 주시기를.

그리고 필요한 부분들만 마음에 새기고 할 수 있는 만큼만 도전해 보시면 좋을 듯하다.

PART 01

누구에게나
있는 시작,
처음

**갑작스런
이사**

2007년 10월, 전세를 살고 있던 집주인에게 집을 팔았다는
연락이 왔다. 그리고 며칠 후 새 집주인에게서 형편상 자기
가 들어와서 살아야 하니 집을 비워 달라는 연락도 왔다.
전세만료가 3달 정도밖에 남아 있지 않았기 때문에 어차피
계속 살기는 어려운 형편이었고, 계약 전에 이사를 하면 이
사 비용이라도 조금 받을 수 있으니 집을 비우기로 했다.
그런데…… 이사 갈 집이 없었다. 넓이를 좀 줄인다 해도 전세금이 올라서 3천만 원
정도가 더 필요한 상황이었고, 집값이 들썩이고 있어서 기존에 내놓았던 전세도 다
거둬들이는, 일명 '전세 파동'이 한창이었기 때문이다. 매매업자와 이야기를 나누다,
대출이 가능한지 확인하러 은행에 들렀지만 우리 연봉으로는 대출도 어려운 상황이
었다.

한 달 동안 집을 알아보러 다니다 별 뾰족한 수가 보이지 않자, 남편은 갑자기 집
을 사자고 했다. 전세금 대출을 받을 수는 없지만, 집을 사면 집을 담보로 대출을 받
을 수는 있다면서 말이다. 하지만 말이 쉽지 집을 사려면 올라간 전세금의 배 이상
대출을 받아야 하는데 여우굴 피하려다 호랑이굴로 들어가게 되는 격이 아닌가 싶
은 생각이 들어서 쉽게 대답을 하지 못하고 있었다. 생활을 꾸리면서 매달 대출원금
과 이자를 갚아 가는 것은 아무래도 무리라고 생각해서 결정을 못하고 있는데 그사
이 전세금과 집값은 무섭게 올라갔고 결국 이사를 나가야 하는 날짜까지 우리는 집
을 구하지 못했다.

일단 살림살이를 모두 이삿짐 보관소에 맡기고 급한 대로 우리가 함께 근무중이

었던 사무실에 양해를 구하고 그곳에서 밤을 지내게 되었다. 벌써 11월이라 날은 계속 추워졌고 집을 구해야 한다는 마음은 더 급해져만 갔다. 남편은 나를 설득했다. 대출로 집을 사면 매달 돈을 갚아 나가야 하는 것이 부담스럽게 느껴지기는 해도, 해마다 무서운 속도로 뛰는 전세금을 만드는 것도 쉬운 일이 아니니 그 부담을 매달 나누어 낸다고 생각하면 된다고 말했다. 대신 너무 무리하지 말고 우리의 노력으로 감당할 수 있는 수준의 집을 선택하면 된다고 말이다. 그렇게 우리는 어려운 결정을 내렸고, 전셋집이 아닌 진짜 우리 집을 사기로 했다.

<table>
<tr><td>얼떨결에
갖게 된
우리 집</td><td>집을 사기로 마음을 먹고도 적당한 금액과 적당한 위치의 집을 찾는 건 쉽지 않았다. 시간은 하루하루 흐르고 마음은 급해지는데 '우리 집이다!'라고 할 만한 집은 없었다. 공인 중개사 사무실을 하도 들락거린 덕분인지, 저녁 8시가 넘은 시간에 매매업자로부터 전화가 왔다. 우리에게 적당할 것 같은 집이 나왔으니 빨리 보러 오라는 것이었다. 남편과 함</td></tr>
</table>

께 부랴부랴 달려가 집을 봤는데, 지은 지 16년이 되어 가는 낡은 아파트에 실 평수는 14.9평, 1층 맨 끝에 위치한 집이었다. 같은 동에 있는 전셋집들 가격은 7천만 원이었는데, 이 집의 매매가는 9천만 원. 위치상 해가 잘 들지 않다는 점이 매매가를 낮춘 것 같았다. 착한 가격과, 분양 당시 원형 그대로의 모습을 갖추고 있다는 것이 이 집의 장점으로 여겨졌다.

결혼 생활을 하면서 4번의 전셋집 중 한 집 빼고는 다 해가 잘 들지 않아 겨울이면 추위로 고생을 했었기 때문에 이 집을 계약하기 전까지는 머뭇거리기도 했지만, 어쨌든 당시 우리 여건으로는 이제껏 보았던 집들 중 가장 적당한 집이기는 했다. 그동안 보러 다녔던 집들을 놓고 고민을 하는 사이, 다들 반나절도 되지 않아 다른 사람들의 손에 넘어가는 경험을 많이 했던 터라 이번에는 길게 생각할 상황도 아니었다. 한 시간 남짓 고민 후, 남편과 나는 이 집을 사기로 결심했다.

우리가 가지고 있던 전세금은 4천만 원이었으니 5천만 원을 빌려야 하는 상황이었다. 그때까지는 전셋집만 살았기에 잘 몰랐는데, 집을 사게 되면 세금도 내야하고, 공인중개사에게 지불해야 하는 수수료도 꽤 많았으며, 맡겨 두었던 살림살이도 찾아

낡고 작은 집 인테리어

와야 했기 때문에 15년 만기로 총 5천 5백만 원을 대출 받기로 했다.

오랜 시간 고민했던 것과 달리, 계획에 없던 우리 집 마련은 그렇게 순식간에 이루어졌다. 우리 집이라고 하기보다는 은행 집이라고 해야 맞는 상황이고, 매달 이자만 20만 원 이상을 내야 했으니 거의 반 월세 집에 살게 되는 상황이긴 했지만, 찬바람이 부는 날씨에, 집도 없이 근 한 달여를 남편 사무실에서 지내면서 춥고 서러운 마음이 들어서 그랬는지, 당장은 전세금 오를 걱정 없고, 이사 다닐 걱정에서 벗어났다는 사실만으로도 좋았다.

그래, 열심히 살면서 갚아 나가다 보면 언젠가는 정말 우리 집이 될 테니 힘을 내보자!

집을 계약한 지 2주 정도 지나, 먼저 살던 분이 이사를 하고 빈집이 된 곳에 가 보았다. 처음 아파트를 분양 받으셨던 분이 16년 간 계속 사셨던 집이라서, 중간 중간 전세자들이 바뀌며 도배나 장판을 바꾼 집들과 달리 아파트 분양 당시의 원형을 거의 그대로 유지하고 있었다. 살면서 도배나 장판을 바꾸는 게 쉬운 일은 아니니 말이다.

한 번도 도배를 맡겨 본 적이 없어서 가격이 얼마나 하려나 알아보러 나갔더니 도배 50만 원, 장판도 50만 원을 달라고 한다. 대출 받은 금액에서 잔금 치르고 이것저것 비용 지불하고 우리에게 남은 돈은 150만 원 뿐인데……. 장판은 많이 찢어져 있어서 꼭 바꿔야 할 것 같고, 싱크대도 많이 삭아 조금이라도 손을 봐야 할 것 같은데, 우리가 가진 돈으로 뭘 어떻게 해야 할지 난감했다.

도배와 장판 교체를 좀 더 저렴하게 할 수 있는 정보를 얻을 수 있을까 싶어서 인터넷 검색을 시작했다. 그런데 기대했던 것보다 훨씬 많은 정보들이 넘쳐나고 있었다. 낡은 집, 지저분한 집을 스스로 조금씩 고쳐 온 사람들의 이야기가 정말 수북이 쌓여 있었다. 친절하게 하나하나 설명해 주는 과정 사진은 덤으로 말이다.

'아니, 이게 정말 같은 집이라고?', '이걸 직접 했다고?'

Before & After 사진을 보면서도 믿을 수가 없어서 보고 또 보다가 남편을 불러 댔다.

"여보, 이것 좀 봐 봐. 이 집이 원래 이랬대. 그런데 이 사람이 직접 이렇게 고쳤다는데, 진짜 신기하지!!"

그냥 좀 더 저렴하고 합리적으로 깨끗이 정리할 방법 정도를 기대했던 우리에게 인터넷은 전혀 예상치 못했던 것들을 보여 줬다. 그리고 이렇게 많은 사람들이 다들 스스로 집을 손보고 있다는 사실이 우리를 고무시켰다. 우리는 왜 한 번도 그런 생각을 해 보지 않았던 걸까?

벽지의 종류, 회벽 바르기, 페인팅, 벽에 나무 패널 붙이기 등등, 설명이 부족하면 또 다른 사람이 올린 글을 찾아보면 되었다. 새로운 세상이었다. 하루는 너무 신기한 정보들에 시간이 어떻게 가는지도 모르고 들여다 보다 아침을 맞기도 했다.

직접 해 볼 수 있을 것 같다는 용기가 생겼다.

혼자 힘으로 집을 고치기로 하고 제일 먼저 한 일은 재료비가 가장 저렴한 핸디코트, 즉 회벽을 바르고 페인트를 칠하기로 마음을 먹은 것이었다. 아직 페인트에 대해서 아는 것이 없어 페인트 가게 사장님의 도움을 받아 저렴한 페인트를 큰 통으로 하나 구입했다. 어차피 살림살이들은 이삿짐 센터에 장기 보관으로 맡겨 두었기에 삼일 정도만 더 맡겨 두기로 했고, 함께 일하는 동료들이 도와주겠다고 나서 주어서 퇴근 후 저녁 시간부터 우리 집에 모여 다 같이 지저분한 벽과 천장에 핸디코트를 발랐다. 그렇게 첫 작업이 끝이 났다. 동료들이 떠나고 아무것도 없는 집 거실 바닥을 걸레로 깨끗이 닦고 침낭에 누워 잠을 청하면서 뭔가 알 수 없는 기대감이 마음에 가득 차오르는 것을 느꼈다.

아침에 일찍 일어나 바쁘게 움직이기 시작했다. 어젯밤 바른 핸디코트 위에 페인트칠을 하려고 보니 주방을 막고 툭 튀어 나와 있는 냉장고 자리 벽에 눈에 들어왔다. 처음 이 집을 보러 왔을 때, 작은 평수에 잠시 머뭇거리는 나를 보고 집주인이 말씀하시길, 이 벽만 헐어도 한결 넓어 보일 것이라면서 벽을 철거하고 사시는 이웃 반

장님 댁을 보여 주셨는데 확실히 넓고 좋아 보였다. 관리실에 문의해서 벽은 건물 지지와 상관이 없는 철거 가능한 비내력 벽임을 확인했는데도 혹시나 하는 마음에 통통 두드려 보니, 텅텅 빈 소리가 났다.

'응? 속이 비었다는 거잖아? 그냥 부수기만 하면 되는 거 아닌가?' 이런 생각이 들었다.

전날, 생각보다 수월하게 핸디코트 바르기에 성공한 우리는 용기백배해서 벽도 우리가 부수기로 했다. 별로 어려울 거라고 생각하지 않은 우리는 망치를 들고 벽을 내려쳤는데…… 아…… 그런데…… 석고보드 안쪽에…… 벽돌이 쌓여 있었다. 벽돌 벽을 앞에 두고 잠시 고민하다가 어차피 이렇게 된 거 저질러 보자 하는 심정으로 망치와 정을 이용해 벽을 부수기로 결심했다. 우리 부부 힘으로는 부족하여 힘이 좋은 동료가 가세했다. 결국 주방을 가로막고 있던 벽을 부수어 철거하는 것도 성공! 누구는 업자를 불러서 100만 원을 들여 벽 하나 제거했다고 했는데 우리는 건축 폐기물 쓰레기 자루 3만 5천 원과 이날 도와 준 동료에게 대접한 짜장면과 탕수육 값이면 충분했다. 왠지 95만 원을 번 것 같은 묘한 기분에 우리는 더욱 신이 났다.

<table>
<tr><td>

**쓰면서도
버는 듯한
즐거움**

</td><td>

용기를 얻은 우리 부부는 무서울 것이 없었다. 브레이크 없는 범퍼카 같았다고나 할까? 무얼 상상하고, 무엇을 만나도 신 나고 즐거웠다. 벽 하나를 부순 후, 망치를 들고 집 안을 둘러보던 우리는 방문턱을 제거하기로 결심했다. 인터넷으로 셀프 인테리어 검색을 하다가 방문턱을 직접 제거한 분들 글을 종종 보았었는데 왠지 나도 해 볼 수 있을 것 같았

</td></tr>
</table>

고, 무엇보다도 청소기 돌리는 게 무척 편할 것 같았다. 그러나 방문턱 제거는 쉽지 않았다. 힘으로 할 수 있는 일이 아니라 방문턱을 들어 올릴 만한 연장이 있어야 하는 일이었다. 하지만 이제 셀프 인테리어의 세계에 발 한쪽을 담근 처지인 우리에게 그럴싸한 연장이 있을 리 만무하지 않은가. 이가 없으면 잇몸으로! 톱질까지 한 마당에 포기할 수는 없으니 남편과 둘이서 우여곡절 끝에 방문턱을 제거하고 시멘트를 채워 넣었다.

연장이나 노하우가 있었다면 훨씬 수월하게 끝냈을 일을 3시간 가까이 낑낑댔으

낡고 작은 집 인테리어

니 전문가가 보았으면 코웃음을 쳤을 만한 상황이다. 무식하면 용감하다는 말이 딱 맞았다. 비록 고생은 했지만 다음부터는 제대로 알아보고 잘 준비해서 작업을 시작해야겠다는 깨달음을 얻었으니 좋게 좋게 생각하기로 했다. 어쨌든, 돈도 별로 들이지 않고 또 한 건을 해냈다는 사실에 마냥 즐겁기만 했다.

갑자기 집을 샀다는 이야기를 듣고 아버님께서 올라오셨다. 오신 김에 남편과 함께 낡은 싱크대를 제거해 주셨고, 떨어진 타일과 시트지를 제거한 후 타일을 사다 함께 붙여 주셨다. 지저분한 방문도 하얗게 페인트칠을 했더니 집 안이 점점 뽀얘지는 게 보인다.

핸디코트가 마르자마자 벽에 페인트칠을 시작했다. 온 집의 벽을 뽀얗게 만드는데 핸디코트 값 3만 원과 페인트 값 3만 원, 기타 도구를 사는데 2만 원이면 충분했다. 물론, 나중에 알고 보니 우리가 쓴 페인트는 내부 인테리어용으로는 잘 쓰지 않는 저렴한 페인트였기 때문에 가격이 낮았던 거고 페인트라고 해도 좋고 예쁜 걸 쓰면 비용이 많이 들어가긴 한다. 마치 여자들의 화장품 가격이 천차만별인 것처럼.

벽까지 하얗게 변하고 나니 낡디 낡아 이제는 누렇게 변해 버린 스위치와 콘센트들이 눈에 거슬렸다. 교체하기로 결정한 후 근처 조명기구 전문점에 문의하니 30만 원을 달라고 한다.

'아니, 콘센트 교체하는 게 그렇게 비싸? 그럼 이것도 우리가 하지 뭐!'

인터넷 검색 끝에 마음에 드는 스위치와 콘센트를 찾아 주문했다. 남편과 둘이서 직접 교체했더니 재료비 3만 원 외에는 딱히 돈 들어갈 일이 없다.

작은 투자에도 집이 깔끔해져 가는 것을 보는 것은 재미있는 일이었다. 엄밀히 따지면 우리는 돈을 쓰고 있는 것이었지만 어찌된 일인지 우리는 계속 돈을 벌고 있는 것 같다는 생각이 들었다. 게다가 투자한 비용에 비해 우리가 얻는 만족감은 훨씬 컸다.

싱크대를 뜯고, 타일을 직접 사다 붙이고, 칙칙한 색의 방문을 칠하고, 있던 문턱을 없애기도 하면서 남의 일인 줄만 알았던 인테리어에도 자신감이 생겼고, 이것저것 고치고 손보면서 몸은 고단했지만 마음은 즐거웠다.

그리고 이삿짐이 들어왔다.

그렇게 집 단장을 하고, 몇 개월이라는 시간이 지났다. 우리는 한꺼번에 집을 뜯어고치기보다는 살면서 불편하게 느껴지는 부분들을 조금씩 손보기로 했다. 제일 눈에 거슬리고 불편한 곳을 하나 손보고, 그 다음 불편하고 지저분한 곳이 눈에 띄면 또 거기를 손보는 식으로 말이다. 둘 다 일을 하고 있으니 퇴근 후 자투리 시간을 모아서 하거나, 주말에 몰아서 작업하고, 아니면 휴가 기간에 조금씩 고쳐 나갔다. 그러다 보니 변화는 느린 편이었다. 하지만 얼마큼 바꾸고야 말겠다는 목표가 있는 것이 아니었기에 조급한 마음도 들지 않았고, 조금씩 틈틈이 고쳐 나가다 보니 한꺼번에 목돈이 들어가지도 않아서 오히려 우리 부부 취향에는 더 맞는 작업 속도였다.

외식비나 다른 생활비를 조금씩 아껴서 한 달에 3, 4만 원 정도 투자하면 집을 조금씩 바꿔 가는 재미가 있었고, 그 투자는 우리의 기대를 배신하는 법 없이 늘 비용의 몇 배가 넘는 효과를 가져다주었다.

모든 게 처음이라 모르는 것도 많았지만, 그럴 때는 인터넷 검색을 통해 우리와 비슷한 작업을 한 사람들의 글을 5, 6개 이상 꼼꼼히 읽어 보았다. 비슷한 작업이라도 설명하는 사람마다 강조점이 다르기 때문에 여러 사람들의 글을 읽어 보면 나와 맞는 작업 방법을 찾을 수 있기 때문이다. 우리는 작업 시작 전에는 머릿속으로 미리 만드는 법이나 하는 법을 그려 보고, 이해가 다 되면 작업을 시작했다.

그렇게 2, 3년이 지나자 우리는 처음 예상했던 것보다 더 많이 달라져 있는 집에 살게 되었다. 아마 셀프 인테리어를 시작하면서 '나도 이만큼 바꾸고 말겠어!' 라고 마음을 먹었다면 지레 지쳐 오히려 지금과 같은 상황을 맞지 못했을 것이란 생각이 든다. 그냥 그때그때 할 수 있는 것에 최선을 다한 것들이 모여 어느 날부터인가는 처음과는 많이 달라진 집이 되어 있었다.

상황에 따라서 셀프 인테리어라는 것이 누군가에게는 당장 시작해 볼 수 있는 도전이 되기도 하는 반면, 누군가에게는 좀 더 기다렸다가 시작할 수 있는 희망사항이 될 수도 있다.

우리 부부도 그동안은 전셋집에서 살았기 때문에 전셋집은 고치기 힘들다는 편견에 갇혀서 인테리어에는 관심도 없었고 남의 이야기로만 생각했던 적이 있다. 그런데 최근에는 전셋집에 관련된 인테리어 도서들도 종종 나오는 것을 보면, 대한민국의 '내 집 장만'이라는 거대 과업에 얽매이지 않고 셀프 인테리어를 하는 분들도 많이 있다는 것을 실감하게 된다.

언제가 될지 모를 나중을 기약하며 현재를 참고 견디며 사는 것보다는 손을 많이 대지 않고도 변화를 줄 수 있는 방법을 찾아 시도해 보는 것도 좋고, 그것마저 쉽지 않은 상황이라면 작은 소품 같은 것들을 이용해 자신의 취향을 찾고 감각을 키우며 조금씩 준비하고 있다가 기회가 왔을 때 그동안 생각했던 것들을 마음껏 펼쳐 보는 것도 좋은 방법이 될 것이다.

인테리어에 관한 많은 도서와, 포털 사이트 메인에 수도 없이 등장하는 다른 사람들의 인테리어 사진을 보면서 부러워하고, 자신의 처지와 비교하며 스트레스 받기보다는 미리 공부해 둔다는 마음으로 보는 눈과 감각을 키우고, 자기가 살고 싶은 집이나 꾸미고 싶은 방의 모습을 상상하며 미리미리 자신이 좋아하는 스타일을 정해 둔다면 반드시 언젠가는 자신의 마음에 쏙 드는 집으로 변신시키는 데 큰 도움이 될 것이다.

블로그를 하면 아이디어와 자극, 좋은 기회를 얻을 수 있다

포털 사이트에서 운영하는 블로그는 정보의 바다 인터넷을 재미있고 흥미로운 곳으로 만들어 준다. 나도 셀프 인테리어를 시작하면서 여러 블로그의 도움을 많이 받았는데, 어느 날은 받기만 하는 게 미안하다는 생각이 들었다.

게다가 이제 조금씩 노하우가 생기다 보니, 이제 막 셀프 인테리어를 시작하는 사람들 입장에서는 조금 더 친절한 설명이 필요할 것 같다는 생각이 들었다. 결국 나도 블로그를 개설해 글을 올리기 시작했다. 처음에는 집을 손보는 것보다 블로그를 하는 게 더 힘이 들어서 글 대여섯 개를 쓰고는 일 년 동안 블로그를 방치해 두기도 했었다.

그러던 어느 날, 메인 화면 '생활의 발견' 코너에 우리가 직접 쓸고 닦고 고친 집이 소개되었다. 정말 많은 사람들이 내 글, 정확히는 우리가 고친 집을 보고 탄성을 질렀고, 용기를 얻어서 직접 인테리어를 시작하기도 했다.

다들 저마다 상황은 다르지만 갑작스럽게 살던 집에서 나오게 된 분들, 낡고 지저분한 집으로 이사를 가게 되면서 어디를 어떻게 고쳐야 할지 몰라 어려워하던 분들, 변화를 주고는 싶은데 용기가 없어 시도하지 못하고 있던 분들이 블로그를 통해 달라져 가는 우리 집을 보면서 '나도 이제 그만 우울해하고 무언가 시도해 봐야겠다.'라는 글을 남겨 주고는 하셨다. 사람들이 우리 이야기를 통해 용기를 얻는 것이 기쁘고 좋았고, 우리 역시 그런 글들을 보며 많은 힘을 얻었다.

그 계기로 방치해 두었던 블로그도 다시 하게 되었고, 그렇게 블로그를 하면서 온라인에는 우리가 몰랐던 많은 기회들이 존재하고 있다는 사실도 알게 되었다. 가벼운 주머니 사정 때문에 재활용장을 뒤지고, 페인트 한 통 사는 것도 몇 번을 생각하며 고민해야 했지만, 인터넷에는 이벤트나 체험단 등의 활동을 통해 페인트나 조명 등의 재료들을 지원받거나, 조금 더 재능을 발휘하면 작가라는 이름을 얻으면서 목재나 재료 일부를 지원받을 수 있는 활동들이 있었다. 즐겁게 작업하면서 재료와 공구까지 장만할 수 있으니 이렇게 좋은 기회가 또 어디에 있을까. 블로그를 통해 그런 기회를 알게 되면서 우리도 생각했던 것들을 큰 무리 없이 계속 만들어 갈 수 있었다.

게다가 사람이라면 누구나 슬럼프라는 것을 겪게 된다. 아무리 재미있고 좋은 일이라도 일정 시간이 지나면 처음의 마음을 잃기 쉬운 것이 사람이다. 혼자서 모든 작업을 해내야 하는 셀프 인테리어의 특성상 집에서 작업하며 꾸미는 일은 조금 심심하고 쉽게 지칠 수 있는 일인데, 블로그를 하면서 우리 집의 변화를 꾸준히 알리다 보면, '빨리 마무리하고 글을 올려야지.'라는 마음이 들기도 하고, 그렇게 올린 글에 달린 사람들의 격려 글이 힘이 되기도 한다. 또한 블로그를 하면서 다른 사람들이 만들고 고친 것들을 보며 자극을 받을 수도 있으니 셀프 인테리어를 시작하는 사람들이라면 한 번쯤은 블로그도 시도해 보기를 추천하고 싶다.

<table>
<tr><td>

**할 수 없는 이유를
찾기보다는
할 수 있는
방법을 찾자**

</td><td>

어느 날 집에 가스 점검을 하러 점검사가 방문을 했다. 그런데 우리 집을 보고 깜짝 놀라며 집이 정말 예쁘다고 칭찬을 하고는 이것저것 질문을 쏟아 냈다.

"인테리어 공사를 하고 이사를 하셨나 봐요?"<br>"아니에요. 제가 그냥 취미 삼아서 조금씩 직접 고치고 있어요."

</td></tr>
</table>

낡고 작은 집 인테리어

"어머, 그러면 전공이 인테리어 쪽이었어요?"

"아니요, 저는 인테리어랑은 전혀 상관없는 전공이에요. 역사 공부를 했거든요."

"그러면 어디 공방 같은 데를 다니면서 이런 걸 배우셨나 봐요?"

"아니요, 그런 걸 따로 배운 적은 없고, 그냥 인터넷 보면서 조금씩 따라 하는 수준이에요."

"아, 그렇구나. 집에서 쉬시니까 취미 생활처럼 하실 수 있는 거겠죠."

"아니요, 저도 직장 다니고 있어요. 평일에는 일하고, 퇴근 후나 주말에 조금씩 하는 거예요."

그분은 자신의 모든 추측이 빗나가자 무언가를 생각하시더니 곧 이렇게 물었다.

"애는 있으세요?"

"아니요, 아직 아이는 없어요."

"그러니까 그렇죠! 애들 있으면 이런 거 할 시간이 없죠!"

나는 그 말에 그냥 입을 다물고 웃고 말았다. 그분은 내가 어떻게 직접 집을 만들어 가는지 궁금해서가 아니라 '할 수 없는 이유'를 찾고 싶어서 이것저것 물어보는 것 같았기 때문이다.

블로그를 통해 셀프 인테리어 검색을 하다 보면, 아이들 두셋을 키우면서도 주부 혼자, 혹은 부부 둘이서 집을 고치는 사람들도 많고, 여자 혼자 셀프 인테리어 하는 사람들도 엄청 많다는 것을 알게 된다.

'어디서 배웠으니까 할 수 있는 거야.', '돈이 좀 있으니까 가능한 거지.', '시간이 남아돌아서 저런 것도 만드나 봐.', '남편이 도와주니까 저 정도로 하는 거라고.'

다른 사람들이 혼자서 집을 고치고 변화시켜 나가는 것을 보면서 그들이 셀프 인테리어 할 수 있는 이유는 열심히 찾고, 자신에게서는 할 수 없는 이유만을 찾는다면 세상에 할 수 있는 일은 몇 가지 없을 것이다.

처음부터 좋은 공구를 구비하여 셀프 인테리어를 시작하는 분들도 있겠지만, 내가 알기로 대다수는 별다른 장비도 없이 그저 톱과 망치, 페인트 한 통을 가지고 셀프 인테리어에 도전한다. 그렇게 조금씩 이것저것 고치고 만들면서 필요한 것들을 그때그때 장만하는 것이다.

요즘에는 공구를 대여해 주는 곳도 있고, 가정에서 쓸 수 있는 저가형 공구도 많이 나오는 추세이다. 그러니 셀프 인테리어에 도전해 보고 싶다는 생각이 든다면, 그때부터는 변명이나 내게 없는 것을 찾기보다는, 할 수 있는 방법을 찾는 것에 더 집중하고 시간을 보낸다면 훨씬 더 좋은 결과물을 훨씬 더 빨리 얻을 수 있을 것이다.

누구에게나 있는 시작, 처음

몇 년 전, 떠오르는 별처럼 대한민국을 휩쓸더니 이제는 대세로 자리매김한 북유럽 스타일.

언젠가 북유럽의 교육 방식에 관한 영상을 본 적이 있는데, 북유럽의 아이들은 어린 시절부터 만들기를 배운다고 한다. 협동심을 키우기 위해 다 같이 숲 속에 작은 오두막을 짓기도 하고, 학교에는 전문 공방처럼 전동 공구들이 완비된 실습실도 있다.

나이 마흔이 넘어서도 공구를 사용할 때면 조심스러운 마음이 드는데, 그런 공구들이 어린 학생들의 손에 들려 있는 것을 보고는 '아니, 저렇게 위험한 걸 애들이 만져도 되나?' 싶어 깜짝 놀라기도 했다. 그렇다면 북유럽 사람들은 아이들을 아끼지 않아서 저렇게 위험한 일을 시키는 것일까?

어려서부터 자신의 가방을 만들어 메고 다니고, 필요한 가구가 있으면 직접 나무를 자르고 못을 박아 만드는 것이 습관화되어 있는 북유럽에서는 자신들이 그래 왔듯이 아이들도 어릴 때부터 학교에서, 때로는 부모와 함께 필요한 것들을 스스로 만든다.

위험하지 않아서가 아니라, 위험한 것을 인식하면서 그것을 해 나갈 수 있도록 어른들이 도와주는 것이다. 그래서 그들의 가구를 보면 낡은 것을 다시 고쳐 사용하고, 버려진 것들은 분해하여 새로운 것으로 만드는, 말 그대로 자연친화적인 것들이 많다. 그래서 그들의 도시에는 명품 매장이 거의 없을뿐더러 한두 개 있는 명품 매장도 현지인이 아닌 관광객들을 상대로 영업하는 것이 대부분이라고 한다.

북유럽 인테리어 스타일이 예쁘고 독특해서 유행이기는 하지만, 나는 그들의 그런 문화와 정신이 좋았다. 더 좋은 것을 갖기 위해 욕심을 부리고, 더 예쁜 것을 만들기 위해 살아 있는 나무를 자르는 것이 아니라, 지금 있는 것에서 조금씩 고쳐서 변화를 추구하는 그런 정신 말이다.

어떤 일이든 누구에게나 처음이 있다. 아이들이 세상에 태어나 배밀이를 한 후 섰다 넘어지기를 반복하며 걸음마를 하게 되는 것처럼, 실수도 하고 넘어지기도 하고, 그러면서도 다시 일어나 걷는 것이 숨 쉬는 것만큼 자연스럽고 능숙해지는 것처럼 말이다.

셀프 인테리어도 처음부터 잘할 수 있는 사람은 세상 어디에도 없다. 재능에 따라서 조금 빠르게 발전하는 사람들이 있기는 하겠지만, 그것을 직업으로 가진 사람이라고 해도 전문가가 되기 전에 모두 그런 두렵고 떨리는 '처음' 시작이 있었다.

시작은 누구에게나 어설프고 힘든 것이다. 그러니 잘하지 못할까 봐 시작도 못하고 두려워할 필요가 없다.

셀프 인테리어는
특별한 사람들의
전유물일까?

가끔 셀프 인테리어에 대해 부정적인 분들을 만난다. "제대로 할 줄도 모르면서 어설프게 하느니 돈 주고 하는 게 낫지.", "전기로 자르는 직소기가 얼마나 위험한데. 그 돈 아낄 생각 말고 사람 사서 해.", "어휴, 저거 만들 장비 살 돈이면 차라리 사람 불러서 돈 주고 하겠어." 라고 말이다.

하지만 생각해 보라. 나가서 사 먹으면 5천 원, 7천 원이면 될 밥 한 그릇을 해 먹기 위해 비싼 밥솥을 사고, 가스레인지를 사고, 그릇과 수저까지 장만해서 밥값보다 더 많은 비용과 시간을 들여 가며 준비한다. 전문가인 요리사에게 맡기고 편하게 그냥 사 먹으면 되는데도 말이다.

직접 요리를 하면서 식사를 준비한다는 것은, 어떤 사람에게는 외식 비용을 아끼기 위함일 수도 있고, 어떤 사람에게는 더 건강한 것을 먹기 위함일 수도 있으며, 어떤 사람에게는 자신의 마음과 정성을 담아 식구들을 먹이고 싶은 간절한 마음 때문일 수도 있다. 하지만 어떤 경우가 됐든 처음에는 조금 서툴던 요리도 하면 할수록 실력은 늘어 가게 되어 있다.

셀프 인테리어나 DIY도 마찬가지다. 누군가는 금전적 여유가 없어서 비용을 아끼기 위해 시작하기도 하고, 또 누군가는 더 건강하고 친환경적인 집을 만들기 위해서 시작하기도 하며, 또 누군가는 스스로의 수고와 땀이 들어간 작품으로 자신의 공간을 꾸미기 위해 시작한다. 그리고 어떤 경우가 됐든지 간에 이 역시 하면 할수록 실력은 늘어 가게 되어 있다.

　단지, 요리를 하고 식사를 준비하는 것처럼 우리에게 익숙한 일이 아니고, 주변에서 이런 경우를 쉽게 볼 수 없으며, 배울 곳 또한 많지 않기 때문에 마치 다른 세상의 이야기처럼 느껴지기도 한다. 그래서 시작도 하기 전에 겁을 먹기도 하고, 주변에서 우려 섞인 시선을 던지기도 하지만, 하다 보면 이것 역시 별로 어렵고 특별할 것 없는 우리 일상의 한 부분이 되어 간다. 스스로 무언가를 만들고 나만의 공간을 내 취향과 성격대로 꾸미는 것은 전혀 신기하고 특별한 일이 아님을 아는 것이 가장 중요하다고 생각한다.

**무턱대고는 NO!!
준비는 철저히!!**

셀프 인테리어가 특별하고 어려운 일이 아니라고 해서 아무 준비도 없이 마구잡이로 용기만 가지고 시작해도 된다는 이야기를 하고 싶지는 않다. 어쨌든 우리는 아마추어이고 스스로 내가 사는 공간을 꾸미려는 것이지만 책임감을 가지고 할 필요가 있다는 말이다.

낡고 작은 집 인테리어

언젠가 벽을 칠하는 용도의 롤러로 천장 가장자리에 둘러놓은 가느다란 몰딩을 칠하면서 벽지 여기저기에 페인트를 묻혀 놓은 사진과 함께 '셀프 인테리어는 참 힘들다.'라고 쓴 글을 본 적이 있다.

면적이 적은 몰딩을 칠하려면 먼저 적당한 굵기의 붓을 준비해야 한다. 벽지에 페인트가 묻지 않도록 테이핑 처리도 해야 한다. 페인트칠을 하기 전에 준비를 하는 데에도 시간이 꽤 걸린다는 것은 검색만 한 번 해도 수많은 블로그에서 알려 주고 있다.

운전을 배우기 위해 운전면허 학원을 다니고, 결혼하기 전에는 어깨너머로 엄마의 요리를 배우듯이, 셀프 인테리어 역시 최대한 미리 알아 둘 것은 알아 두고, 준비할 수 있는 것은 최소한이라도 준비를 하고, 조심해야 할 것은 꼼꼼히 체크하면서 시작해야 한다.

인테리어 책을 가지고 있다면 여러 번 읽고 또 읽어서 완벽히 이해를 하고, 인터넷으로는 사람들이 자세하고 친절하게 올린 사진과 영상을 보면서 그들이 전해 주는 노하우도 적극 활용하는 것이 좋다.

그 다음에는 머릿속으로 작업 과정을 찬찬히 그려 보고 마치 실전처럼 시뮬레이션 하듯이 모든 상황을 떠올려 봐야 한다. 필요한 재료들은 미리미리 준비해서 작업 중에 혹시라도 당황할 일이 생기지 않도록 대비해야 하고, 마음의 각오를 단단히 하고 시작해야 한다.

이렇게 준비를 하고 각오를 충분히 다진 사람에게는 '셀프 인테리어가 혼자서도 할 만하구나…….' 싶지만, 남들이 하는 것 대충 훑어보고 쉽다고 생각한 후 준비 없이 시작한 사람들에게는 참 대책 없는 것이 '셀프 인테리어'다.

일반적인 가정식은 스스로 준비할 수 있더라도 전문 식자재와 도구들이 필요한 거창한 음식들은 전문 요리사가 만든 것을 사 먹는 것처럼, 셀프 인테리어에도 전문가에게 맡겨야 할 일이 있고, 더 잘하는 사람에게 도움을 구할 수 있는 부분도 있으니 그것을 잘 구별해서 일의 순서를 정하는 지혜도 필요하다.

도전했다가 실수를 하게 되더라도 실수에 대해 되짚어 보고 문제 파악을 잘 한다면 또 거기에서 발전이 있다는 것이 셀프 인테리어의 묘미 아닐까?

갑자기 전셋집에서 나오게 되고, 올라간 전세금을 마련하기 어려워 가지고 있던 전세금보다 더 많은 금액을 빌려 거주를 해결해야 했던 일련의 과정들은 사실 별로 즐거운 기억은 아니었다. 해가 잘 들지 않는 데다 집 넓이를 줄여 온 터라 썩 기분이 좋지는 않았다. 그러나 어려움은 가끔씩 예기치 못한 선물을 주기도 하는 것 같다. 배수진을 친 사람처럼 해 보지 않았던 것들에 도전하게 해 주며, 그 과정에서 자신도 잘 몰랐던 능력을 만나기도 한다.

가끔 한겨울 전셋집에서 나와 이삿짐센터에 짐을 맡겨 놓고 난감해하던 상황부터 지금까지의 일들을 떠올려 보고는 하는데 우리에게 닥쳤던 그 일들과 이런 상황의 흐름들이 재미있다는 생각이 든다.

내 손으로 하지 않으면 방법이 별로 없는 상황에 놓이고서야 처음으로 셀프 인테리어에 관심을 가지게 되었고, 전혀 모르던 정보들도 얻게 되었고, 마침내 시도해 보게 되었고, 그러면서 블로그라는 것도 하게 되었고, 그걸 계기로 생각지 못한 다양한 경험과 기회들도 얻어 살림살이도 많이 바꾸게 되었다. 그리고 지금은 이렇게 셀프 인테리어에 관한 책을 쓰고 있다.

사람의 인생이란 전혀 예측할 수 없기에 되돌아볼 수밖에 없는 것이다. 계획하거나 마음먹고 무엇을 하기보다는 나에게 주어진 문제를 잘 해결해 나가려 노력하는 과정에서 자연스럽게 만나고, 익히고, 발전해 가는 것. 그것이야말로 인생의 진짜 재미가 아닐까.

최근 우리나라 부동산 상황을 보면 우리가 이 집에 들어올 때인 2007년과 사뭇 비슷해진 것 같다. 전셋집은 구하기 힘들고, 전세금은 하늘 높은 줄 모르고 치솟기만 하는 상황. 그래서 자칫 잘못하면 우리의 이야기가 '전세금 때문에 고민하지 말고 무리해서라도 집을 사라'는 이야기로 들리게 되면 어쩌나 싶은 걱정이 든다.

은행에서 전세금 대출을 받기 어려운 이유는 대부분 수입이 많지 않기 때문일 것이

낡고 작은 집 인테리어

다. 똑같이 2, 3천만 원을 갚아 나가더라도 소득이 높은 사람과 낮은 사람은 체감 난이도가 서로 다를 수밖에 없다.

집을 줍히고 낡은 집으로 이사를 간다고 해도 부족한 전세금의 2배 정도는 빌려야 집을 살 수 있으니 부담해야 할 금액은 그만큼 더 많아지게 된다.

우리는 9천만 원짜리 집을 사기 위해 5천 5백만 원을 대출받았다. 2년은 이자거치만 하고 3년째부터 원금분할 상환을 시작했는데 월수입의 4분의 1이 대출상환금으로 나가고 있다. 이렇게 15년간 차곡차곡 갚아 나가야 이 집이 비로소 진짜 우리 집이 된다.

인생이 아무 문제없는 날만 계속 되는 것은 아니기에 큼직한 지출이 꾸준히 있다는 것은 생각보다 무거운 짐이 된다.

집값이 오르기도 하지만 그런 경우에는 전세금도 같이 오르기 때문에 아무리 집을 팔아도 대출금을 갚고 나면 여전히 주변의 전세를 얻을 수 없는 상황에 놓이기도 한다. 그래서 집을 사려고 결정할 때에는 감정에 휘둘리지 말고 이성적으로 잘 판단하고 계산해서 결정을 내려야 한다.

가끔 우리 집보다 더 비싼 억대 전셋집에 사는 분들에게 "자기 집이라 좋겠다."라는 말을 들으면, 역시 사람은 남의 속은 모르는 거구나 싶어서 슬며시 웃음을 짓게 된다.

하지만 상황이 어떠하든, 우리는 그래도 그날 이 집을 사기로 한 결정이 잘한 일이라 생각한다. 이전 전셋집보다 줍아졌지만, 그래도 우리가 열심히 노력하면 충분히 감당할 수 있는 상황에서 내린 최선의 선택이었고, 금전적 부담은 무거워졌지만 그로 인해 좋아진 것, 즉 내 손으로 직접 집을 꾸밀 수 있는 기회를 얻었으며 그 과정에서 배우게 된 것이 우리 삶에 아주 많이 존재하기 때문이다.

이 집에 이사 온 지 이제 올해로 7년을 맞이했다. 몇 달 전, 우리는 드디어 이 집에 대해 은행보다 더 많은 지분을 소유하게 되었다. 이제는 진짜 우리 집에 더 가까워진 우리 집. 이곳을 떠날 때까지 이 집은 계속 우리의 필요에 맞게 조금씩 달라져 갈 것이다.

PART 02

낡은 집
변신 이야기

세상의 모든 일이 그러하듯 낡은 집에도 장단점이 있다.

모든 것이 낡아서 지저분하고, 단열이 잘 안 되고, 교체하거나 손봐 줘야 할 부분들이 많지만, 긴 세월을 보내면서 나쁜 환경호르몬은 다 빠져나갔고, 작은 시도로도 확실한 변화가 생기는 것이 낡은 집이다.

거기에 셀프 인테리어로 집을 손보려고 할 때는 혹여나 망친다 해도 이전보다 나빠질 가능성이 거의 없기 때문에 별 두려움 없이 도전할 수 있다는 게 낡은 집의 가장 큰 매력이 아닐까 싶다.

이번 장에서는 처음 이사 왔을 당시의 모습과 그 사이 우리의 애정으로 인해 달라진 우리 집을 소개하려 한다. 셀프 인테리어를 시작한 순서대로 보여 드릴 수 있다면 좋겠지만 초기에는 사진 찍을 생각을 거의 하지 못해서 남아 있는 사진이 없기도 하고, 설명도 복잡해지는 면이 있어 공간별로 배치를 했다.

시간의 순서대로 진행하는 것이 아니기에 조금 복잡해 보일 수는 있으나, 비교해서 보기에는 오히려 이 방법이 더 편하고 실질적으로 도움이 될 것 같다는 생각이 든다.

구체적으로 낡은 집을 어떻게 손봐야 하는지에 관한 이야기는 '실전, 낡은 집 고치기' 편에서 더 자세히 소개하도록 하겠다. 여기에서는, 친한 친구 집에 놀러온 것처럼 집 구경을 하고 과정에 얽힌 에피소드를 나누면서 각자의 집에 필요한 부분들을 생각할 수 있는 시간이 되었으면 한다.

한 가지 마음에 걸리는 것은, 초기에는 디지털 카메라가 없어서 휴대폰으로만 사진을 찍었었기에 중간 중간 화질이 좋지 않은 사진이 등장하는 부분이 있다는 점이다. 이 점에 대해서는 너른 마음으로 양해해 주시길.

LIFE [LIVINGROOM ·2007

'2007이라고 붙여놓기는 했지만 거실은 2007년부터 지금까지 조금씩 계속 손을 보고 있다. 거실의 용도가 자꾸 달라지고 있기 때문이다. 2007년에는 벽을 손봤고, 2008년에는 창틀 앞에 나무 창문을 만들어 달았으며, 2009년에는 모니터 박스, 키보드 박스와 지금은 찾아볼 수 없는 TV 수납장 등을 만들었고, 2010년에는 조명을 교체하고 오른쪽 벽에 문자 스티커를 붙여 주었다.

2011년에는 벽걸이 책장을 만들어 걸었고, 2012년에는 책상을 만들었으며, 체험단에 뽑혀 거실에 뽀얀 강화마루를 깔았고, 작년인 2013년에는 다기능 수납 소파와 책상 밑 숨는 식탁을 만들었다.

앞으로 거실이 어떤 용도로 계속 바뀌어 갈지는 모르겠지만 스스로 집을 고치기 시작하고는 어떤 상황이 되어도 그에 맞게 대처할 수 있게 되었다는 것이 기쁘고 즐겁다.

Be
moderate

흰색으로 통일해
좀 더 넓어 보이고 환해진 거실

위치상 해가 잘 안 드는 우리 집. 거실은 어두웠고, 그래서 작은 집이 더 작아 보였다. 전체적으로 어두운 느낌이라 좀 더 환하고 넓어 보이게 만들어 주고 싶었다. 직접 도배를 해 볼까 생각도 했었는데 천장을 붙일 생각을 하니 자신이 없어 핸디코트를 바르기로 했다. 혹시라도 우리 다음에 누군가 이사를 온다면 그분들이 도배를 하고 싶을 때 그래도 좀 덜 불편하도록 기존 도배지 위에 얇게 발랐다.

집을 넓어 보이고, 환하게 만들어 주기 위해서 우리가 고른 페인트 색상은 흰색. 무조건 흐리고 밝은 색이라고 집이 넓어 보이는 것은 아니지만, 흰색은 셀프 인테리어 초보였던 우리가 사용하기에 가장 무난하기도 했고, 집을 넓고 밝아 보이게 만들어 주면서 어떤 색감의 가구와도 잘 어울린다는 장점이 있었다.

흰색 페인트를 칠하기로 결정을 하고, 진짜 붓질을 하는 순간까지도 '집이 너무 휑해 보이는 건 아닐까? 내가 과연 관리를 잘할 수 있을까? 너무 자주 청소해야 하는 것은 아닐까?'하는 생각이 끊이지 않아 계속 신경이 쓰였다. 하지만 의외로 흰색은 어두운 색보다 먼지도 더 잘 보이지 않아 관리가 편한 면도 있고, 무엇보다 시종일관 보고 있어도 지루하지 않아 많은 시간을 보내야 하는 가정 집 인테리어에는 썩 잘 어울리는 색이라고 할 수 있다.

취향이란 것이 사람마다 다르다 보니 좋아하고 편하게 느끼는 분위기 역시 각기 다른 것이 사실이다. 모던, 프로방스, 내추럴, 앤틱, 빈티지, 최근 몇 년째 대세로 자리매김한 북유럽이나 어반 스타일 등 다들 보기에 예쁘고 좋지만, 그중에서도 특히 자신의 마음에 편하고 좋은 것이 있을 것이다. 그것을 알기 위해서 다양한 스타일의 집 사진이나 공간 사진들을 미리 봐 두면 자신의 집을 고치고 꾸미는 데에 도움이 된다. 자신의 마음이 편하고 좋은 것이 무엇인지 미리 알아야 집을 직접 손보기 시작할 때 혼란을 줄일 수 있고, 어떤 느낌으로 만들어 가야 할지에 대해서도 도움을 받을 수 있기 때문이다.

현재 우리 집 거실. 화이트를 기본으로 나무의 느낌을 살려 준 조금은 심플한 분위기다. 거실 왼편은 페인트에 아크릴 물감을 조색해서 벽에 약간의 문양을 그려 넣고, 책상과 수납 소파, 그리고 책장을 배치했다. 거실 오른편은 그래픽 스티커를 붙여 주었다. 그래픽 스티커는 부착도 쉽고 제거도 간편하기 때문에 휑한 벽이나 유리문 등을 꾸미는 데 좋다.

2년 차 거실 모습. 처음 셀프 인테리어를 시작하면서 접했던 것이 프로방스풍이라 그런지 무언가 많이 걸고 그려 넣었다. 거실 창 한쪽에 어닝도 만들어 달고, 작은 주름 커튼도 만들어 넣고, 주워 온 소파도 하얗게 칠해 꽃무늬 천으로 리폼해 사용했다. 봄이 되면서 화사한 느낌을 주고 싶어 아크릴 물감으로 거실 벽 일부를 조금 칠했는데 막상 해 놓고 보니 마음에 쏙 드는 것은 아니었다. 결국 지금처럼 깨끗하게 거실 벽을 정리했다. 하얗게 칠하고 나니 속이 시원했다. 우리 취향이 사랑스런 느낌보다는 깔끔한 것임을 깨닫게 된 기회였다.

불편한 것부터
하나씩 바꾸어 가는 재미

**시선 차단, 통풍,
거실 분위기까지
한 번에 해결한
나무 덧창**

따뜻한 봄이 되자 생각지 못한 문제를 만났다. 집이 아파트 1층이었기 때문에 환기를 시키려고 문을 열면 밖에서 온 집 안이 너무 훤히 들여다보이는 것이었다. 해가 떨어지고 나면 집 안은 한층 더 훤히 보였다.

다른 1층 집들 중 갈대발을 해 놓은 집들도 있어 저게 도움이 될까 싶어서 지켜봤는데 저녁 시간에 전등을 켜면 밖에서 갈대발 사이로 오롯이 그 집의 거실 풍경이 보이는 것을 보고 화들짝 놀랐다. 그 이후 조명등은 끄고 암흑에서 생활하는 나날들이 이어졌고, 바람은 통하면서도 시선은 가릴 수 있는 창문이 있으면 좋겠다는 생각이 들었다.

그렇게 창문 한번 마음 편히 열지 못하는 여름을 보내고, 가을에 동네 사진관을 지나다가 우리에게 적합한 갤러리 창을 발견했다. 아마도 이 창문의 정식 명칭은 루버 창인 것 같은데, 우리 부부는 사진관 유리창 앞에 붙어 그 창을 관찰하며 어떻게 만든 것 같은지 이야기를 나누었다.

둘이 머리를 맞대고 이리저리 궁리를 하면서 '이렇게 하면 우리가 만들 수 있지 않을까?' 싶어 겨울이 되기 전에 창을 직접 만들기로 결정하고 동네 목재소에서 MDF를 사

셀프 인테리어를 시작하고 한 달쯤 됐을 때의 거실 창문. 연두색 창틀을 흰색으로 칠해 볼까 싶어서 페인트를 살짝 발라 본 상태. 일 년 정도 하얗게 칠만 해 두고 살았다.

오른쪽 갤러리 창은 이사 오고 한 달이 지나 만들었다. 살 때문에 들어가는 재료가 많았지만 MDF를 사용했기 때문에 당시 재료비는 5만 원 정도 들었다. 왼쪽 창은 그로부터 4년쯤 지나서 나무(집성목)로 만든 것으로 6만 원 정도 들었다.

덧창 형태로 새시 앞에 만들어진 창이라 나무창을 열면 뒤쪽에 새시는 그대로 있는 형태다. 갤러리 창은 크게 만들면 열었을 때 자리를 많이 차지할 것 같아 세 쪽으로 나누어지는 형태로 만들었기 때문에 접어 둘 수도 있다. 평소에는 새시 창은 열고 갤러리 창은 닫아 외부 시선은 차단하고 햇빛과 통풍은 가능하게 해 둔다. 갤러리 창을 만든 MDF는 동네목재소에서 절단을 해 왔는데 공임을 지불해도 길게만 잘라 줄 뿐 세부적인 절단은 해 주지 않아 창살 부분은 집에서 일일이 손으로 톱질을 해서 잘라 내야 했다. 그러다 보니 조금 비뚤기도 하고, 살을 붙이는 과정에서 위치 표시를 잘못해 간격이 좀 맞지 않는 것도 있지만, 셀프 인테리어의 매력이라고 생각하면 더 의미가 있다.

왔다. 하지만 '이게 정말 될까?' 싶은 마음에 계속 긴장되었다.

하지만 이미 시작된 일. 재료를 사 왔으니 물러설 수가 없었다. 정확한 방법인지 아닌지 잘 알지도 못하는 상태에서 총 162개의 살을 일일이 자르고 칠하고 붙이는 과정이 반복됐다. 손이 너무 많이 가서 힘이 들기는 했지만 점차 완성되어 가는 모습에 조금씩 흥분이 되기 시작했고, 결국 우리가 생각했던 분위기대로 완성이 되었다.

기존 창틀에 있던 창은 그대로 두고 창틀에 각재를 고정해 창틀을 하나 더 만들고 거기에 문을 달아 놓은 형태이기 때문에 우리는 덧창이라고 부르기로 했다.

다 만들어 설치를 하고 나니 거실 분위기도 한층 좋아졌을 뿐 아니라, 다음 해 봄이 되어 창문을 열자 시선을 가려 주며 바람은 솔솔 통하는 것이 정말 최고였다. 만들 때는 시간도 너무 많이 걸리고 힘이 많이 들어서 '다시는 만들지 않겠어!'라고 다짐했었는데, 사용하면서 쓰임새가 너무 마음에 들어 결국 침실에도 같은 방식의 덧창을 만들어 달아 주었다.

대신, 침실 창을 만들 때에는 페인트를 여러 번 칠해야 했던 과정을 줄이기 위해 하얀색 몰딩을 잘라서 만들었더니 확실히 일이 반으로 줄어들었다. 경험이란 좋은 스승이라는 깨달음을 또 한 번 얻었으니 이것이 일석이조 아닌가. 만드는 과정은 힘이 좀 들기는 해도 생활하면서 불편한 부분 하나를 손보고, 그러고 나면 그 다음 불편한 것을 손보고. 그렇게 계속해서 우리에게 편안하고 익숙한 공간을 만들어 가는 것은 생각보다 훨씬 더 재미있고 보람된 일이다.

 낡고 작은 집 인테리어

앞으로의 거실 계획

거실은 생활 스타일과 가장 밀접한 관련이 있는 공간이다. 이제까지 우리의 거실은 언제든지 많은 손님을 맞이할 수 있는 것에 맞춰져 있었는데 작년 초 남편이 부서 이동을 하면서 다수의 손님이 집을 찾아올 일이 별로 없어졌다. 그래서 전과는 달리 거실을 사용하는 용도를 손님맞이가 아닌, 우리가 쉬기 좋고 낮에는 책상 앞에 앉아 일하기 좋은 형태로 바꿔 가야 할 듯하다.

이 집에서 산지도 7년 정도 되었다. 그래서 페인트칠한 곳도 슬슬 때가 타기 시작했고 조명 등 위 천장은 까맣게 그을렸다. 올해는 거실에 페인트칠을 새로 해야 할 것 같은데, 이제 셀프 인테리어 초보는 아니니 좀 더 과감한 색에 도전을 할지 말지 갈등 중이다.

현재 책상 위치는 냉장고 옆자리인데 여름에는 너무 더워서 올 여름에는 반대편 벽으로 옮겨 볼까 한다.

BEDROOM •2008 •2011

이사하고 1년이 지난 2008년. 그동안 바닥 생활을 하던 우리 부부는 안방에 침대를 놓고 침실을 꾸미기로 했다. 꽃무늬 벽지 반 롤과 미송 합판 패널, 원래 있던 흰 벽이 함께 어우러져 아기자기한 공간이 연출되었다. 2008년에는 침대를 만들었고, 2009년에는 수납 벤치를 만들었으며, 2010년에는 작은 화장대와 삼단 서랍장, 작은 옷걸이를 차례대로 만들었다. 워낙 작은 방이다 보니 방의 크기에 맞춰 모든 것이 작게 만들어진 침실이다. 결혼하고 신혼집을 꾸며 본 경험이 없어서 그랬는지, 이 집에서 처음으로 신혼 느낌이 나는 방을 갖게 되어 참 좋았다. 2011년에는 모던한 느낌의 조명과 색감이 진한 페인트를 써 볼 기회가 생기면서 아기자기하던 우리 침실은 이전과 달리 조금 더 심플한 느낌으로 달라졌는데, 이전 침실도 물론 좋았지만 지금처럼 깔끔한 느낌의 침실이 우리 나이에도 잘 맞고 질리지 않아서 더 좋다.

채움보다는 비움

**공간을 사용하는
주된 목적에 맞춰
조율이 필요하다**

침실은 집에서 우리 부부가 가장 좋아하는 공간이다. 물론 처음부터 그랬던 것은 아니다. 이 집으로 막 이사를 왔을 때에는 오른쪽 벽에 장롱 세 짝, 왼쪽 벽에 낮은 2단 서랍장 하나가 놓여 있었다. 우리는 침대 생활을 하지 않았기 때문에 매일 이불을 펴고 개며 1년 정도 바닥에서 생활했다.

어느 날, 둘이 이야기를 나누다 '우리도 침대를 사용하면 어떨까?' 하는 의견이 나왔다. 맞벌이를 하는 중이었기 때문에 같이 나가 하루 종일 일을 하고 저녁까지 해결한 뒤 밤늦게 들어오다 보니 집에서 보내는 시간은 대부분 잠자는 시간인데 그렇다면 '잠자는 공간을 좀 더 편하고 쉴 수 있을 장소로 만드는 것이 좋지 않을까?' 싶은 마음이 들었기 때문이다.

그렇게 안방을 침실로 바꾸는 작업을 시작했다. 막상 침대를 놓을 생각을 하니 방이 작아 장롱과 침대를 같이 놓기가 어려웠다. 침대를 넣는다 해도 걸어 다닐 수 있는 공간이 없었다. 그래서 우리는 안방의 장롱을 작은 방으로 옮겨 침실의 공간을 확보했다. 대신 작은 방에 있던 책상은 거실로 나와야만 했다.

하얀 여백을 살린 침실. 빨간 등 두 개를 배치해서 자칫 심심할 수 있는 방에 포인트를 주었다. 뒤쪽에 나오겠지만 반대쪽 벽은 푸른색으로 전혀 다른 분위기를 가지고 있다.

이사 와서 처음 손봤던 아기자기한 느낌의 침실. 처음이다 보니 빨리 변신하고 싶은 마음에 헤드 부분에 설치한 미송 합판 패널의 본드가 완전히 건조되기 전에 물을 많이 타서 페인트칠을 했더니 패널이 휘어지며 자꾸 떨어졌다. 떨어지면 다시 붙이기를 반복하면서 3년 정도 지내다가 아쉬운 마음을 누르고 정리를 시작했다. 셀프 인테리어를 할 때에는 시작 전에 정보를 많이 보고 방법을 파악하는 것이 꼭 필요한 이유이기도 하다. 헤드 부분의 글씨는 문구점에서 파는 우드락을 이용해서 자른 것인데, 강도가 약하긴 하지만 일부러 힘을 주어 만지지만 않으면 그럭저럭 쓸 만하다. 2천 원이라는 저렴한 가격으로 큰 인테리어 효과를 줄 수 있는 소재이다.

남편은 침대도 우리가 직접 만들어 보자고 했다. 그렇게 우리는 침실 벽을 손보는 동시에 침대를 만드는 작업도 시작했다. 바닥에서 잘 때와는 달리, 침대를 사용하게 되면 시선이 높아지니 미송 합판 패널과 꽃무늬 벽지 반 롤을 이용해 벽을 위아래 둘로 나누었다. 상대적으로 커서 휑해 보였던 안방 창문은 거실 창을 만들었던 경험을 살려 갤러리 나무 덧창을 만들어 달았고 침대 헤드 쪽 벽은 미송 합판을 좀 더 높게 붙인 후 우드락으로 글씨를 잘라 붙였다. 그렇게 사랑스러운 느낌의 침실이 만들어졌다.

그렇게 침대 생활을 한 지 3년쯤 지나서 몇 가지 이유 때문에 창문 아래쪽을 제외하고는 다시 핸디코트로 얇게 마감을 해서 지금의 하얀 침실이 완성되었다. 처음 꾸몄던 침실을 바꿔야 한다는 아쉬운 마음도 조금 있었지만 군더더기 없이 깔끔한 느낌의 침실이 오히려 휴식을 취하기에는 더 안성맞춤인 공간으로 느껴졌고, 더 시원해 보이는 효과가 있었다. 휴식을 취할 때도 더 편안한 느낌을 주었기 때문에 이러한 변화에 만족하고 있다.

그 이후로도 우리 침실은 장식은 최대한 배제하고 여백을 살린 인테리어를 유지하고 있다. 덕분에 작은 방은 거의 창고 방 수준으로 전락해 버리고 말았지만 상황에 따라 어딘가는 살리고, 어딘가는 희생을 해야 작은 집을 효율적으로 쓸 수 있다는 생각이 들었다. 그 결과 우리는 작은 방을 죽이고(?) 침실을 살렸다(!).

가구를 리폼하거나 만들어 쓰면
집에 잘 맞는 맞춤 가구가 된다

**헌 가구 리폼할게
새 가구 다오**

가구에도 유행이라는 것이 있어서 결혼한 지인들의 집에 놀러가 보면 대충 언제쯤 결혼했는지 가늠이 되곤 한다. 우리가 1998년에 결혼했는데 몇 년 후 가구에도, 몰딩에도, 창틀에도 체리색 광풍이 불었다. 당시에는 화사하고 예쁘다고 많이들 좋아했지만 요즘은 바로 그 체리색 몰딩 때문에 머리를 싸매는 분들이 많다.

그런 비슷한 이유 때문에, 시간이 지나면 아무리 비싸게 주고 샀던 가구라도 그 쓰임새는 멀쩡할지언정 모양새가 부담이 되고 촌스럽게 느껴질 때가 있다. 대부분의 사람들은 그런 경우 헌 가구는 내다 버리고 새 가구를 사고는 하는데, 쓰던 가구를 약간 손봐 주면 마치 새 가구를 얻은 것 같은 느낌을 줄 수 있다.

새 가구는 원목을 사용하지 않는 이상 환경호르몬의 영향을 무시할 수 없는데 낡은 가구를 리폼하면 그런 부분에 있어서도 한결 안심이다.

셀프 인테리어를 하게 되면 리폼에도 자연히 관심이 가게 마련이다. 그렇게 리폼 작업에 익숙해지고 나면 직접 나무를 구입해서 필요한 가구를 만들기도 하는데, 경비가 아주 적게 드는 것은 아니지만 더 건강하고 좋은 재료로 만든 나만의 가구를 장만한다는 장점이 있다.

혼자 힘으로 집을 꾸미기 시작한 지 7년 정도 되었다. 어느 날 거실에 앉아 집 안을 둘러보는데 어느 곳 하나 우리가 만들지 않은 것들이 없었다. 퇴근 후 휴식 시간과 주말에 찾아오는 낮잠 시간을 쪼개고 쪼개서 남편과 둘이 함께 머리를 맞대고 도면을 그려 보고, 손에 물집이 잡혀 가면서 톱질을 했던 시간들……

침실은 그중에서도 가장 먼저 우리 손으로 만든 물건들로 채워진 공간이었다.

우리 부부의 첫 번째 리폼 작품은 침대 옆 모서리에 위치한 하얀 수납장이다. 일반적인 가정집 어디에서나 흔히 볼 수 있는, 원래 결혼 초기부터 사용했던 열 살도 넘은 누런 색깔의 저렴이 책꽂이였다.

...▶ 1. 코너에 있는 수납장은 낡은 책꽂이를 활용해 만든 우리의 첫 리폼 작품이고 사진 속 침대가 나무를 구매해 만든 우리의 첫 DIY 가구이다. 이 침대는 작년까지 우리 부부가 사용했었는데, 시댁이 지붕 공사를 하는 도중 갑자기 소나기를 맞는 바람에 침대가 다 젖어 못쓰게 되어 시부모님께 우리 침대를 보내 드리고 우리는 다시 만들어 사용하고 있다.

2. 침대, 침대 옆 책 선반, 작은 옷걸이, 화장대, 화장대 옆 서랍장, 월넛 색의 거울을 리폼한 화장대 거울까지 모두 직접 만들어서 공간에 딱 맞는 크기의 맞춤형 가구가 되었다

이 집으로 이사 오면서 이 낡은 책꽂이를 버릴까 말까 고민하다가 그냥 들고 왔는데 리폼을 결정하면서 톱으로 잘라 좁게 만든 후 흰색 페인트를 칠하고 앞면에는 MDF를 이용해 문을 만들어 달았다. 거기에 버려진 의자 다리를 잘라 달아 주었더니 나름 그럴싸한 멋진 수납장으로 변신했다.

이렇게 리폼의 세계에 빠져 들면서 우리 부부는 한동안 동네에 버려진 책꽂이들을 다 주워 왔던 것 같다.

이런 과정들을 고치며 용기가 생긴 남편이 어느 날 말했다.

"우리, 침대도 한번 만들어 볼까?"

그 말에 한껏 고무된 나도 흔쾌히 그러자고 답했고, 우리 부부는 재활용장에 버려진 침대들을 들여다보며 연구하기 시작했다. 어느 정도 감이 잡힌 우리는 목재소에서 나무를 사다가 진짜 침대를 만들기 시작했다. 총 비용은 7만 원. 오래전 이야기이기도

하고, 가구용이 아닌 공사장 내부 지지대용 같은 저렴한 나무들을 섞어 만들었기 때문에 생각보다 많은 비용이 들지는 않았지만 어쨌든 진짜 나무를 사용해 우리 부부가 만들어 본 가구 1호다.

시간이 좀 더 흐른 뒤에 용기도 생겼고 노하우도 쌓인 우리는 침대를 놓고 남은 공간에 놓을 수 있을 만한 크기의 화장대와 옷걸이를 직접 만들었다. 작은 방에 놓아야 했기 때문에 적당한 크기의 물건을 찾는 것도 쉽지 않았었는데 직접 만들어 쓰다 보니 돈도 돈이지만 모든 것이 우리 집에 맞는 우리만의 맞춤형 가구가 되어 어떤 아쉬움이나 불편함을 찾을 수가 없었다.

다시 만든 침대. 전보다 헤드를 좀 더 높이 만들었고 사진에서는 잘 보이지 않지만 침대 아래에도 조명을 넣어 주었다. 침대에 조명 넣은 모습은 바로 뒤에 이어지는 '빛이 주는 감성'에서 확인할 수 있다.

빛이 주는 감성

생활 습관에 꼭 맞는
맞춤형 조명 달기

인테리어의 완성은 조명이라는 말이 있다. 기껏 벽을 바꾸고 창문을 손보고 예쁘게 집을 손질했는데 천장에 형광등이 덩그러니 달려 있으면 조금 아쉬운 느낌이 든다. 그런데 우리 마음에 드는 조명 기구들은 어찌나 다들 비싼 몸값을 자랑하는지, 조명 교체가 말처럼 쉽지만은 않다.

우리 집은 공간과 활용도에 따라 다양한 조명을 사용하고 있다. 물론 우리가 돈이 많아서 전부 세련되고 예쁜 조명으로 교체한 것은 아니다. 앞에서도 잠시 언급했지만, 선물 받은 현관 등과 침대 밑 LED 바를 제외하고는 온라인에 있는 다양한 기회들을 통해 바꿀 수 있었다.

조명에 대해 관심을 갖고 직접 사용해 보기 전까지는 조명이라 하면 그저 예쁜 등을 달아서 인테리어 효과가 좀 높아지는 것이겠거니, 라고 생각했었는데 직접 다양한 조명을 사용하면서 체험해 보니 상황에 따라 필요한 만큼의 조도를 만들어 주는 조명의 효과가 더 피부에 와 닿았다.

침대에 누워 잠시 휴식을 취하고 싶을 때 눈에 내리쬐는 환한 빛의 형광등보다는 약한 불빛의 간접 조명이 더 도움을 주는 것처럼, 적절한 빛의 밝기를 통해 다양한 감성을 충족시켜 주는 것이 바로 조명이라는 생각이 든다.

우리 부부는 잠들기 전에 침대에 누워 오랜 시간 대화를 나누는 편인데, 아무래도 너무 밝은 빛은 피로도를 높이는 경향이 있어 멀티튜브 LED를 구해 침대 아래에 설치했다. 다른 간접 조명보다는 조금 더 차분한 빛을 뿜고, 조도가 낮은 데다 광원이 아래쪽에 있어 눈이 편하다는 장점 덕분에 우리 집에서 가장 많이 쓰는 간접 조명이 되었다.

이런 간접 조명은 너무 많을 필요는 없고, 침실과 거실에 하나 정도 갖추고 있으면 큰돈 들이지 않고도 차분한 분위기를 연출할 수 있다.

구매가 부담스럽다면 인터넷에 많이 올라와 있는 스탠드나 다양한 조명 만드는 방

1. 잠들면 빛에 민감해 눈을 심하게 찡그리는 남편을 위해 준비한 스탠드. 주로 취침 전 화장품을 바를 때 방에 불을 켜지 않고 이 스탠드만 켠 채 사용한다.

2. 집이 어두워 낮에도 주로 불을 켜고 살다 보니 일상적인 생활을 할 때는 LED 천장등을 사용하고, 조금 밝은 빛이 필요하지만 천장 조명이 부담스러울 땐 간접 조명인 빨간 스탠드를 켜면 유용하게 사용할 수 있다.

3. 책을 보거나 다이어리를 정리할 때는 침대 위에 달린 벽등을 주로 사용하고, 침대 밑 조명은 잠들기 전 수다 떨 때 켜 둔다.

법 등을 참고해서 직접 제작한다면 적은 비용으로도 큰 효과를 낼 수 있는 조명을 만들 수 있을 것이다.

> **(TIP) 조명 교체**
>
> 전기를 다뤄야 하기 때문에 어렵게 생각하는 분들이 많다. 하지만 원리만 이해하면 그렇게 어려운 작업은 아니고, 인터넷을 조금만 뒤져 보면 조명 교체에 관련한 많은 정보를 만날 수 있어 참고하기도 좋다.
> 온라인에서 진행되는 조명 체험의 경우, 등만 제공되고 직접 교체해야 하기 때문에 교체 방법을 알고 있으면 기회를 얻는 데 더 도움이 된다.
> 단, 전기를 다루는 일이니만큼 안전 상식에 대한 정보는 꼭 익혀 두는 것이 좋다. 전등용 전기 차단기를 내리고 작업하는 것은 필수!

푸른색 포인트 벽으로 얻은
색다른 재미

포인트는
과하지 않게

침실은 전체적으로 화이트로 꾸몄지만, 시간이 좀 흐른 후에 한쪽 벽에 푸른빛 페인트를 발라 포인트를 주었다. 페인트 회사에서 진행하는 이벤트에 당첨이 되어서 평소에는 잘 선택하지 못했던 진한 색을 골라 봤는데 침실 한쪽 벽에 칠하고는 감당이 되지 않아서 '괜히 칠했다!'라며 속으로 후회를 많이 했다.

그러다가 침대 위치를 바꾸면서 다른 흰 벽 앞에 놓여 있던 화장대와 옷걸이를 푸른 벽으로 가져다 놓았는데, 어쩜! 벽은 물론이거니와 가구도 전보다 훨씬 보기 좋은 모

낡고 작은 집 인테리어

1. 푸른빛 페인트를 칠하고 감당이 안 돼 당혹스러웠던 침실. 칠하기 전보다 휑한 느낌이 들고, 오히려 방도 더 좁아 보여 칠을 해 놓고도 어찌해야 하나 고민이 많았었다.

2. 같은 벽인데도 가구 위치를 바꾼 것만으로도 벽의 분위기가 달라졌다. 진한 색감의 벽과 화이트 소가구들이 대비를 이루어 가구와 벽의 느낌이 한결 더 좋아졌다.

3. 진한 색의 페인트가 재미있는 점은 조명에 따라 그 색감이 참 많이 달라 보인다는 것이다. 세 장의 사진은 다 같은 벽인데 말이다. 직접 페인트를 고른 입장에서 볼 때 1번 사진이 가장 실제와 가까운 색감이라고 느껴진다. 그러나 등에 노란빛이 얼마나 섞여 있는지에 따라 어떤 때는 초록색으로, 어떤 때는 푸른색으로, 또 사진을 찍다 보면 어떤 때는 완전 파란색으로 산토리니풍의 느낌을 내기도 한다. 빛에 따라 색상 변화가 많아서, 벽은 하나지만 마치 여러 개의 벽을 가진 듯한 느낌을 받는 재미가 있다.

습으로 살아났다.

　가구를 어떻게 배치하느냐에 따라서 이렇게 느낌이 달라질 수 있다는 것을 느낀 계기였다. 그 후, 애물단지가 될 뻔했던 푸른 벽은 우리 집에서 가장 눈에 띄고 특별한 느낌을 주는 포인트가 되었다.

　포인트는 '강조'라는 그 의미처럼 특정한 부분에 적당히 있을 때가 가장 자연스럽고 멋지다. 색이나 소품을 고를 때, 이것도 예쁘고, 저것도 예뻐서 모두 욕심을 내다보면 결국 너무 많은 강조점이 생겨서 아무것도 좋아 보이지 않는 상황을 맞이할 수 있기 때문이다.

　사람들이 잠시 머물다 떠나는 매장이나 카페 같은 경우는 곳곳에 강한 포인트들이 많아도 오히려 멋스럽고 인상적으로 느껴질 수 있지만, 오랜 시간 머물러야 하고 인테리어를 쉽게 바꾸기 힘든 집이라면 오히려 강조점이 지나치면 쉽게 피곤하고 금방 질리는 경향이 있다.

　넘치면 모자람만 못하다는 말처럼, 전체적인 집의 분위기를 먼저 파악한 후 가장 어울릴 것 같은 색이나 소품 등을 과하지 않게 적당히 선택한다면 편안하면서도 특징 있는 집을 만들어 가는 데 도움이 될 것이다.

앞으로의 침실 계획

침실에 필요 없는 것들을 치우고 나니 쉬기에 참 좋아진 것은 사실이지만 간단한 속옷이나 양말, 홈웨어는 아무래도 침실 쪽에 있어야 사용이 편할 것 같았다. 바구니를 이용해 옷걸이 하단에 놓아두고 사용하기도 했지만 속이 깊어 찾기가 어렵다는 단점이 있어 얼마 전 서랍장을 만들었다.

앞에서는 8칸처럼 보이지만 겉보기만 그렇고 실제로는 양쪽으로 서랍이 두개 있는 형태다. 수납할 물건들이 작아 위아래 2단으로 서랍이 열리도록 계획하고 칸막이로 쓸 나무로 길이가 딱 맞는 것을 준비했다. 그리고 고정하지는 않고 그냥 필요에 따라 움직여 자리 잡을 수 있도록 했다.

나중에 만약 더 넓은 집으로 이사할 기회가 생겨 좀 더 넓은 침실을 가질 기회가 온다면 창가 쪽 벽을 전체 수납공간으로 만들되 겉에서는 벽처럼 보일 수 있게 해 보고 싶다. 그리고 침실 공간을 나누어 가벽을 세우고 그 뒤로 드레스 룸 공간을 만들어 보고 싶다.

KITCHEN `2010

2010년 여름, 더위가 한창일 때 우리 부부는 온몸이 땀따투성이가 되면서 주방을 손봤다. 각자의 일도 해야 하기 때문에 작업 능률이 그다지 좋지 않아 천천히, 시간이 될 때마다 조금씩 고쳐 나가는 것이 우리 방식이었는데 주방은 밥을 해 먹고 살아야 하다 보니 그럴 수가 없었다. 그래서 사전에 조사를 충분히 한 후 재료를 준비해 놓고 작업을 시작했다. 주방 인테리어에 그해 여름휴가를 고스란히 바쳤고, 남은 문제들은 주말마다 보수 작업을 해야 했다.

우선, 싱크대의 수납 구조를 바꾸고, 낡은 문을 바꿔 달고, 빌트인 방식으로 쿡탑을 설치하고, 애매하게 들어가 있는 좁은 벽에 오븐 수납장을 만들고, 부족한 조리대 문제를 해결하기 위해 아일랜드 식탁까지 만들었다. 나무와 땀, 그리고 더위와 시간과 싸워야 했던 정말 전쟁같이 치열한 여름이었다.

Le

들어가고 싶은
주방 만들기 프로젝트

**좀 더 편리하게,
좀 더 넓게 느껴지게**

집 안의 어떤 가구보다 크기가 크고 눈에 띄는 위치에 놓여 있기 때문에 전체적인 집의 분위기를 결정하는 데도 한몫 하는 싱크대. 살림을 처음 시작할 때에는 제일 먼저 눈에 보이는 문의 디자인만 신경 쓰였는데, 살림을 하다 보면 주방 기구 특성상 넣어 놓아야 할 물건도 많고 그 쓰임새도 각양각색이라 물건을 찾고 제대로 정리하는 것이 가장 중요하겠다는 생각이 들었다. 그래서 편리성 위주로 겉과 속을 같이 바꾸는 방식으로 진행했다.

이사 왔을 때 이 집의 주방 벽 타일은 반은 붙어 있고, 반은 떨어진 채 그 위에 바둑판무늬 시트지가 붙어 있었다. 어떻게 해야 하나 고심하던 중이었는데, 집 구입 소식을 듣고 올라오신 아버님의 도움으로 동네 타일 가게에서 다른 곳 작업하고 남은 타일을 저렴하게 구입해서 붙일 수 있었다. 주방 타일의 경우는 크기에 맞춰서 타일을 자르는 것이 좀 어려운 작업에 속한다. 그때에는 타일을 자를 수 있는 글라이더를 미리 빌려 놓으면 좋은데 그게 불가능하다면 아예 크기가 작은 타일을 선택하면 좋다. 그것 외에 수평만 잘 맞추면 타일은 타일 본드를 이용해 붙이고 백 시멘트로 줄눈을 채워 넣으면 되니 그리 큰 어려움은 없다.

속이 삭아서 부서지지 않아 쓸 만하기는 하지만 겉모습이 촌스러운 상태의 싱크대라면 굳이 전체 교체를 하지 않아도 싱크대 문짝 리폼만으로도 큰 변화를 줄 수 있다. 우리 집은 수납 구조가 달라지면서 문 크기가 다 바뀌는 바람에 문을 아예 새로 만들어 단 상황이라 일반 가정에서 보편적으로 필요한 리폼 형태와는 조금 다를 수 있다. 더 많은 분들이 궁금해 할 싱크대 문짝 리폼 과정은 블로거 미스티 님의 작업 일지를 빌려 왔다.

지금 장에서는 편리한 수납을 목표로 하여 바꾼 우리 집 주방을 소개하고, 싱크대 문 리폼 정보가 필요하신 분들은 PART04 '재미가 가득한 낡은 집' 내용을 참고하시면 도움을 얻을 수 있을 것이다.

상부장 줄이고
높아진 개방감

하던 일을 잠시 쉬고 전업 주부가 되었다. 그동안은 몰랐는데 전업 주부가 되어 주방에서 보내는 시간이 많아지면서 일하느라 잠깐 잠깐 사용할 때는 그냥 넘어갔던 싱크대의 불편함이 더 크게 다가왔다.

천장까지 닿아 있던 상부장은 너무 높아서 물건을 넣고 꺼내기가 힘들었고, 키가 큰 수납장은 깊이가 깊어서 물건은 많이 들어갔지만 뭐 하나 찾으려면 앞에 있던 것들을 죄다 끄집어내야만 했다.

'뭐가 이렇게 불편하지……?'

1. 상부장 주변에 사용된 에코스톤. 화산재로 만들어졌기 때문에 파벽돌과 달리 유해 물질이 없고, 오히려 포름알데히드 저감, 탈취, 곰팡이 방지 등의 기능이 있다. 자르기가 편하고, 줄눈을 넣지 않아도 되기 때문에 작업도 훨씬 편하다.

2. 천장까지 닿아 사용하기 불편하고 갑갑하게 느껴졌던 상부장을 떼어 냈다. 벽에 박혀 있던 못과 울퉁불퉁한 벽면을 손질했다.

3. 벽은 핸디코트를 바르고 페인팅으로 마무리하고 있었는데 에코스톤 무료 체험 기회를 얻어 페인팅 없이 에코스톤으로 마감했다.

4. 떼어 낸 상부장을 반으로 잘라 조립한 후에 다시 벽에 연결한 모습. 이 사진은 아직 미완성일 때 찍은 거라서 문이 없다. 한여름 둘이서 땀을 비처럼 쏟아 가며 작업했다.

완성된 상부장과 싱크대. 혼수로 해 왔던 가스오
븐레인지가 12년이 되자 고장이 나서 인터넷으
로 강화 유리 쿡탑을 주문했다. 빌트인 느낌을
주기 위해 쿡탑 수납장을 짜서 싱크대와 같은 느
낌으로 만들어 넣었는데 생각보다 어려운 작업
도 아니었고, 주방은 훨씬 더 깔끔해졌다.

5. 싱크대 문은 싱크대 공간 구성이 달라지면서 크기가 다 달라져 나무를 이용해 새로 만들었다. 미송 집성목을 재단해 조각도로 홈을 파서 패널 느낌이 나도록 했는데, 요즘은 인터넷 목재소들 중 홈파기 가공을 해 주는 곳들이 많이 생겨 약간의 비용을 지불하고 가공을 받으면 한결 수월하다.

고민만 하던 중, 어느 후드 회사에서 진행한 후드 교체 체험단에 뽑혔다. 그런데 마음에 드는 후드를 고르고 나니 후드 크기 때문에 상부장 일부를 잘라 내야 하는 상황이 벌어졌다.

'그래. 차라리 이번 기회에 상부장을 고쳐 보자!'

그동안 머릿속으로 생각해 왔던 주방을 만들 수 있는 기회가 왔다 싶었다.

먼저, 너무 높아서 수납하기가 불편한 데다 집이 꽉 막힌 듯한 느낌이 들던 상부장을 반으로 잘라 한 칸으로 줄였다. 상부장을 다 떼고 선반을 달아 좀 더 넓어 보이게 만들까 싶기도 했지만, 그렇게 하면 물건이 다 밖으로 드러나면서 먼지가 많이 쌓일 것 같았다. 그래서 수납도 하면서 개방감도 높일 수 있는 중간점을 찾아 상부장을 반 높이로 남기기로 한 것이다. 위쪽을 비워 내니 확실히 숨통이 트이는 느낌이 들었다.

상부장을 줄이고 난 후 드러난 주변은 에코스톤을 붙여 마무리했다. 살짝 아이보리 빛이 돌아 전체적으로 따스하고 아기자기한 느낌의 주방이 완성됐다.

수납 구조의
변화

주방을 손본 가장 큰 이유는 수납 구조 때문이었다. 요즘 싱크대들은 서랍처럼 꺼낼 수 있는 슬라이드형 선반이 많아졌지만 10년 전만 해도 싱크대의 수납 구조는 만들기 편한 선반형이 대부분이었다. 그릇 같은 것들을 좁은 선반에 올려 두는 것은 사용하기에 그리 나쁘지 않을지 모르지만, 속이 깊은 하부장이나 키 큰 수납장의 경우 그냥 선반으로만 되어 있으면 구석에 있는 물건을 찾는 것이 여간 어려운 게 아니었다. 뒤쪽에 수납한 물건을 꺼내기 위해서는 앞에 있는 물건을 다 꺼내야만 확인이 가능했고, 나름 정리를 한다고 해도 많은 주방용품과 재료들을 어디에 두었는지를 기억하기도 쉽지 않을 뿐더러 어떤 물건이 어디에 있는지 한눈에 볼 수도 없었다.

그래서 우리는 주방 수납 방식을 선반형이 아니라 서랍을 빼듯 앞뒤로 움직일 수 있는 슬라이드형으로 바꾸기로 했다.

일단 서랍 부분은 기존에 있던 싱크대 선반과 싱크대 문을 재활용했다. 부족한 가장자리 부분은 미송 합판을 추가했고 옆쪽에 튼튼한 3단 레일을 달아 주었다. 경비를 줄이기 위해 기존의 싱크대를 재활용하느라 시간도 오래 걸리고 과정도 복잡해졌지만 재단 서비스를 받아 바로 만들었다면 작업 시간은 반으로 줄었을 것 같다.

서랍형으로 바뀐 싱크대는 앞부터 맨 안쪽 깊숙한 곳까지 한 번에 확인이 되고, 물건을 찾고 넣기도 훨씬 수월해졌다. 개인적으로 제일 마음에 드는 것은 컵 보관 방식이다. 우리 집은 세트 컵이 없고 거의 커플 잔으로 두 개씩 다른 종류들이 있는데 어디 늘어놓기도 애매하고 그때그때 필요한 컵을 찾는 것도 불편했다. 그런데 이렇게 서랍형으로 바꾸고 나니 서랍만 한 번 스르륵 당기면 단번에 원하는 컵을 꺼낼 수 있다.

선반형을 서랍형으로 바꾸고 난 뒤 수납률도 좋아져서 상부장을 반으로 줄였는데도 불구하고 기존에 있던 물건들이 다 수납이 됐다. 한여름 더위와 씨름하며 온몸을 불사르기는 했지만 집을 고치면서 참 잘한 일 중 하나라고 생각한다.

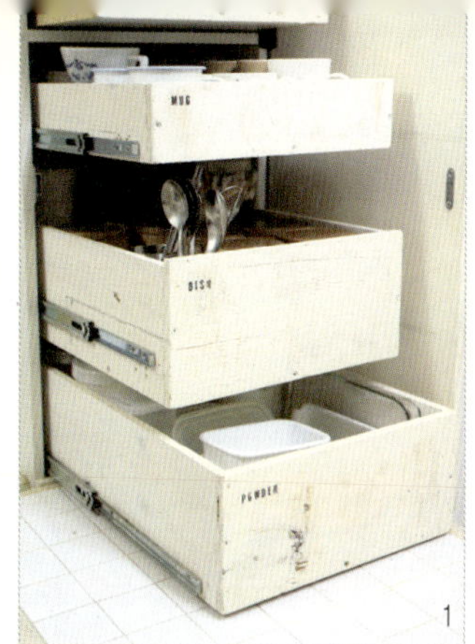

1, 2. 깊은 선반이었던 키 큰 장은 상자를 만들어 끝까지 나오는 3단 레일을 달아 서랍처럼 뺄 수 있도록 만들었다. 이렇게 바꾸자 한 번에 앞에 물건부터 맨 뒤쪽 물건까지 사용하고 정리하는 것이 가능해졌다.

3. 이렇게 바꾸자 부엌도 좀 더 깔끔해졌다.

4. 보기에도 깔끔하고 쓰기도 편해졌다.

주워 오고, 만들고,
필요한 것을 스스로 채워 가기

**아는 사람은
다 아는
리폼의 재미**

손쉽게 고쳐서 바로 쓸 수 있는 것들이 있는가 하면, 조금 손은 많이 가지만 다양한 방법으로 활용이 가능한 재활용품들도 있다. 가구나 목재, 서랍 같은 것들이 그 주인공이다.

집을 직접 손보기 시작하고 생긴 버릇 중 하나는 재활용 배출장을 서성이게 됐다는 것이다. 처음에 남이 버린 물건을 주워 올 때에는 조금 쑥스럽고 창피하기도 했는데, 몇 번 하다 보니 그것도 자연스러워지고, 나중에는 꼼꼼히 살펴서 나에게 꼭 필요한 것들을 골라서 가져 오는 눈도 생겼다. 지금은 원하는 물건이 나올 때까지 기다리는 인내심도 얻었으니 이만하면 재활용 리폼의 달인이라고 불러도 좋을 것 같다.

1. 재활용 배출장에 버려져 있던 원목 수납장.

2. 주워 온 수납장을 손봐서 사용하고 있는 우리 집 그릇 수납장.

버려진 침대 갈빗살을 활용해 만든 주방 등 박스

2009년 어느 날, 재활용 배출장에 버려진 원목 수납장 하나를 발견했다. 톱밥을 눌러 만든 가짜 나무가 아니라 진짜 원목 가구였다. 항상 쓰다 버린 책꽂이 같은 것들만 주워다 분해해서 수납장을 만들던 우리에게는 횡재나 다름없는, 좋은 나무로 만든 가구였다.

얼른 주워다가 주방에 애매하게 남아 있던 부분에 배치해서 그릇을 정리할 수납장으로 변신시켰다. 우리 마음에도 꼭 드는 작품이었지만 더 재미있던 것은 이 수납장의 과거 사진을 본 사람들의 반응이다. 많은 사람들이 버려진 수납장이 이렇게 변신했다는 사실에 놀라워했다.

어느 날은 버려진 어린이 침대를 봤는데 아래쪽이 무척 깨끗했다. 밑 부분에는 정말 깨끗한 갈빗살이 가지런히 놓여 있었기에 얼른 주워 가지고 왔다.

진짜 나무를 사용할 기회가 많지 않아 무엇을 만들면 좋을지 한참을 고민하며 설레었는데, 이 갈빗살은 처음에는 세탁실 벤치가 되었다가 몇 년 후에는 주방의 등 박스로 재탄생했다. 이 등 박스는 옛날 냉장고 벽을 부수었을 때 천장에 남아 있던 남자 손 만한 크기의 전기 배선 구멍을 가리는 역할을 함과 동시에 천장 등의 스위치를 벽 쪽으로 빼기 위한 길 역할도 하고 있다.

이 집으로 이사를 오고 2년 정도 지나자 결혼할 때 혼수로 해 왔던 가스레인지가 고장이 났다. 크기가 맞지 않아 혼자서만 밖으로 튀어나와 있어서 오며 가며 걸리기도 하고, 벽과의 거리가 좁아서 가스선 통과가 어렵기도 했다. 가스 기사분이 선을 위로 빼 주셨는데, 붙여 놓았던 걸이가 불만 켜면 떨어져서 큰일 날 뻔했던 경험도 몇 번 있었다. 그래서 이번에 가스레인지를 바꿀 때에는 크기도 좀 더 작고 자리를 덜 차지하는 쿡탑으로 바꿔 보기로 했다.

빌트인 시스템은 전체적으로 깔끔한 느낌을 주면서 단정한 분위기를 연출하기 때문

1. 빌트인 방식으로 쿡탑을 올리기 위해 나무를 자르고, 방수를 위해 오일스테인을 발라 준 상판.

2. 각재를 이용해 틀을 잡은 쿡탑 수납장. 틀을 만들고 삼면을 나무로 막은 후 싱크대 문과 통일된 앞면을 가진 서랍을 만들어 넣었다.

3. 완성된 빌트인 방식의 쿡탑. 쿡탑의 옆쪽에는 누군가 버린 서랍을 주워다 양념 선반을 만들어 올려 두었다. 저 상태로 3, 4년 정도 사용하다가 일을 그만두고 전업주부가 되어 본격적으로 살림을 시작한 후 요리를 많이 하게 됐다. 그러다 보니 필요한 양념도 많아지고 양념 개수에 비해 크기가 작아서 나중에는 높은 것으로 다시 만들었다.

1
2 
3

에 작고 복잡한 주방에 잘 어울렸다.

　생각보다 만드는 법도 어렵지 않았다. 우선, 인터넷으로 쿡탑을 주문했고, 아래쪽 장은 각재로 틀을 잡고 서랍을 만들어 넣었다. 서랍 앞면은 싱크대와 세트 느낌을 주기 위해 같은 모양으로 만들어 달았고 버려진 책상 서랍 하나를 주워와 뿌얀 양념 수납장을 만들어 올려 주었다.

　주워 오고, 바꾸고, 고치고, 만들고. 그렇게 하나하나 차근차근 우리의 주방이 만들어졌다.

낡고 작은 집 인테리어

앞으로의 주방 계획

일을 그만두고 집에 있으면서 요리에 관심을 많이 갖게 되었다. 천연 조미료도 만들어 보고, 여러 과일로 청을 만들어 요리에 쓰기도 하고 맛 간장이나 다양한 양념들을 직접 만들어 두고 쓰게 되는데 이런 것들은 실온 보관이 적절하지 않은 경우가 있다. 하지만 지금 우리 집의 구조상 냉장고에 넣어 놓으면 요리할 때 이동 거리가 너무 멀어져서 어려움이 있다.

그래서 언제가 될지는 모르겠지만 2단 짜리 서랍형 김치냉장고를 빌트인 형태로 넣어 보고 싶다. 10년 전쯤 분양한 아파트들은 작은 김치냉장고를 포함해 분양한 곳이 많아 중고가 많이 나오던데 그런 것을 활용하면 좋을 것 같다. 아직은 생각만 해보고 있다.

VERANDA

VERANDA ˚2007 ˚2009 ˚2011

베란다 손보기는 크게 세 번에 걸쳐 이루어졌다. 처음 이사 올 때는 경황이 없어 페인트만 칠해 놓고 지내다가 두 달 정도 지나 겁 없이 베란다의 큰 창문을 가려 주는 목창 만들기에 도전했다.

그렇게 왼쪽 절반만 손보고 2년을 지내다 2009년에 베란다 오른쪽 공간 세탁기 주변 수납을 손봤다. 그로부터 또 2년 후인 2011년에는 한 목재 사이트에서 진행된 베란다 아이디어 이벤트에 뽑혀 데크재를 지원받았고 머릿속에만 있던 수납형 데크를 직접 만들어 수납률이 높아진 지금의 베란다가 완성되었다.

아파트지만 아파트 같지 않은 느낌의 베란다. 내가 추구하는 베란다의 모습이다.

한때는 누구에게도 보이고 싶지 않던 곳이었는데 이제는 많은 사람들이 가장 흥미롭게 보는 곳이기도 하다.

Renew
L·A·U·N·D·R·Y

유난히 엉망이었던
베란다

베란다 셀프 인테리어를 진행하면서 중요하게 생각했던 두 가지가 있다. 하나는, 1층에 위치한 우리 집을 외부의 시선으로부터 보호할 수 있는가 하는 문제이고, 또 하나는 작은 집에 특화된 수납력에 관한 문제였다.

거실 창을 만들기 전인 2007년에는 베란다 창문 쪽에 목창을 만들었더니 걸어 다니는 사람들과 대면할 일이 없도록 집 안을 가려 주어서 아파트가 아닌 전원주택 같은 운치까지 느낄 수 있었다. 게다가 이 목창 덕분에 아파트 단지 안에서 눈에 띄는 집이 되기도 했다. 이렇게 프라이버시는 보호가 됐고, 수납은 베란다 바닥을 높이면 그 아래로 베란다 길이만큼의 수납 공간이 만들어지겠다는 생각이 들어 바로 수납형 데크를 만들었고 실제로 이 공간은 우리에게 정말 유용하게 사용되고 있다.

이 부분에 대한 이야기는 PART03 '작지만 작지 않은 집'에서 더 자세히 이야기하려 한다.

처음 이 집의 베란다 상태는 정말 말로 표현할 수가 없었다. 청소는 한 번도 한 것 같지 않은 것처럼 우중충하고 칙칙했고, 그 기운이 나에게도 뻗쳐 오는 것 같았다. 하지만 그냥 두고만 볼 수는 없으니 이삿짐이 들어오기 전에 급하게 벽을 먼저 손봤다.

떨어지고 들뜬 페인트를 할 수 있는 만큼 다 긁어내고 락스를 이용해 벽의 곰팡이를 제거했다. 마트에 가면 곰팡이 제거제를 팔기도 하지만 우선 급한 대로 있는 도구를 사용해야 했을 만큼 마음이 급했을뿐더러 곰팡이 제거제 또한 락스 성분이니 별 차이는 없었다.

그렇게 닦아 내고 잘 건조한 후 세탁실 부분만 방수 기능이 있는 워셔블 핸디코트를 바른 후 페인트칠을 해 주었고 나머지 부분은 페인트칠만 했다. 수도는 세탁기 놓는 곳에만 있으니 따로 물을 쓸 일은 없을 것 같아 바닥은 장판을 사다 깔아 지저분한 부분은 덮어 주었다.

　녹이 많이 슬어서 세월의 흔적을 고스란히 담고 있던 빨래 건조대도 더 이상 사용하기 어려울 것 같아 떼어 버리고 새로 달아 주었다. 인터넷 검색을 통해서 1만 5천 원 정도 주고 주문해서 직접 교체했다. 예전 같으면 어디다 말해서 달아야 하나 고민했을 텐데 어느새 너무나 자연스럽게 검색하고 주문해서 직접 공구를 들고 설치하고 있는 우리 모습이 재미있게 느껴졌다.

　스스로 닦고 고치고 만드는 일이 생활이 되다 보니 귀찮음도 점점 사라지는 것 같다.

셀프 인테리어 두 달 차에 시작한
겁 없는 도전

급한 마음에 베란다 벽을 흰색 페인트로 칠해 놓은 후 가장 먼저 손을 댄 것은 베란다 왼쪽 창 부분이었다. 이사를 준비하면서 스스로 집을 고친 사람들의 이야기를 검색했을 때에 내 마음을 끈 것 중 하나가 베란다에 만든 목창이었다. 집에서 이런 것을 만들 수 있다는 사실 자체가 너무 신기해서 보고 또 봤던 기억이 있다. 하지만 그런 감동적인 이야기는 아무나 만들 수 있을 것 같지 않았다. 그저 나와 다른 누군가의 꿈같은 이야기로만 생각했을 뿐이다.

그런데 사람 마음이 참 이상한 것이, 마음에 무언가 불을 당기는 것이 있으면 머릿속에서 떠나지 않고 끊임없이 생각이 나는 모양이다. 그렇게 두 달 후, 나도 베란다에 목창을 만들어 보고 싶다는 생각이 들었다. 이제 막 셀프 인테리어에 첫발을 디딘, 아직은 할 줄 아는 게 많지 않은 생 초보. 해 본 것은 오로지 벽에 핸디코트를 바르고 페인트를 칠해 본 것, 그리고 책꽂이 리폼 정도가 전부인데 지금 생각해도 내가 그때 무슨 용기로 시도했는지 모르겠다.

이때는 거실 창문을 만들기 전이어서 1층에 위치한 집의 특성상 밖에서 집 안이 훤히 들여다보이기도 했기에 조심스레 남편에게 목창을 같이 만들어 보자고 했다. 셀프 인테리어 초짜인 남편 역시 화들짝 놀랐다.

"이걸 우리가 어떻게 만들어?"

그렇게 옥신각신 밀고 당기기를 하다가 결국 내 의견을 받아 준 남편 덕분에 비슷한 목창을 만든 여러 사람들의 글을 보고 또 보면서 대략 감을 잡아 가기 시작했다.

처음이라서 나무 종류와 이름도 잘 몰랐던 우리는 블로그를 절대적으로 참고했는데, 우리가 봤던 블로그에서는 이 작업에 적당한 목재로 SPF 구조재를 추천한다고 했다. 하지만 당시 우리로서는 그 나무를 사기는 어려웠기 때문에 동네 목재소에 가서 나무들을 구경하다가 아저씨께 이것저것 물어보고 가장 저렴한 소송 각재와 얇은 미

→ 1. 목창을 설치하기 전의 베란다 창문 모습. 밖에서 안이 훤히 들여다보이는 1층 집의 한계다.

2. 목창을 설치하고 커튼을 달아 주었다.

송 합판을 사왔다.

처음이니 알맞은 도구가 있을 리 만무. 그저 흥부처럼 열심히 손으로 톱질을 하면서 나무를 재단했다. 저렴한 나무였기 때문에 사면이 거칠어 팔이 빠져라 사포질을 해서 뽀얀 새색시를 만들어 주었다. 어느 하나 제대로 갖춰진 것이 없었지만 그래도 다행히 드릴은 하나 있었다. 결혼 후, 결혼사진을 집에 걸기 위해 드릴을 하나 샀는데 그 이후 사용한 적이 없어 자리만 차지하고 있던 그 드릴이 10년 만에야 '하나 사길 참 잘했다'라는 생각을 불러일으킬 줄이야!

그렇게 머리를 싸매고 온몸을 혹사해 가면서 만든 목창을 창가에 세워 끼우고, 천장에 고정을 하고, 천을 끊어 장구 모양 커튼도 만들어서 달아 주었다.

지금까지 들은 비용은 5만원 남짓. 어느 집에서도 볼 수 없는 우리만의 목창이 생겼다. 정말 우리가 이걸 만들었나 싶은 마음도 들고 우리 부부의 셀프 인테리어가 진일보 하고 있다는 생각이 들었다.

> **TIP** 우리는 베란다에 목창을 설치했지만 거실창이 넓은 경우에는 매일 여닫는 출입구를 제외한 거실 창 3분의 2 정도에 이런 형태의 가벽을 세워도 분위기 있고 좋다.

손이 가지 않는 일에는
몸을 움직이게 해 줄 다른 계기가 필요하다

집 안을 보면, 누구에겐가 보여 주기는 싫은데 그렇다고 손을 대는 것도 쉽지 않아 모르는 척 눈감고 살아가는 부분들이 있다. 그리고 이런 것들은 어떤 계기가 있어야 달라지지 그렇지 않고는 그냥 그 모습 그대로 시간만 흐를 뿐이다.

아마 청소와 정리에 능하지 않은 보통 사람이라면 어려운 손님의 방문 소식에 미루기만 했던 것들을 밤새 정리하고 치운 경험을 한두 번쯤 가지고 있을 것이다. 그냥 하려고 할 때는 잘 생기지 않던 힘과 집중력, 혹은 스트레스까지……. 그것이 뭐가 됐든지 간에 그것들은 우리에게 움직일 수 있는 계기를 만들어 주기 때문에 가끔씩은 우리 안에 있는 것들을 꺼내 볼 필요도 있다.

우리에겐 베란다 오른편 세탁실이 그런 곳이었다. 곰팡이를 제거하고, 깨끗이 벽을 정리하고, 페인트칠도 하고, 걸려 있던 수납장의 때도 싹 벗겨 냈다. 그래도 무언가 정리가 되지 않은 느낌을 떨쳐 버릴 수 없었고, '나중에 언젠가…… 그래, 언젠가 시간이 나면 저기도 손 좀 봐 줘야지…….' 하면서 차일피일 미루고만 있었다. 그런데, 그것을 해결해야 할 계기는 예고도 없이 갑자기 나타났다. 바로 세탁기였다!

2009년에, 자주 가던 인테리어 카페에서 드럼 세탁기 체험단을 모집한다는 글을 보게 되었다. 결혼 11년째가 되면서 쓰던 세탁기가 낡아서 교체를 해야 하나, 고민하던 시기였다. 호기심 반, 필요 반으로 댓글을 남겼는데 얼마 후 신형 드럼 세탁기가 진짜로 우리 집에 도착했다. 체험단이라는 것이 이제 막 활성화되던 시기였기 때문에 신청을 하면서도 그게 뭔지 잘 몰랐었는데, 그건 제품을 받아 사용해 보면서 몇 차례에 걸쳐 자신의 블로그나 카페에 제품 사진과 사용 소감을 소개하는 것이었다.

제품을 받았으니 활동은 해야 하는데, 그러다 보니 보여 주기 싫은 세탁기 주변 환경이 계속 블로그에 올라가야 하는 상황이 벌어졌다. 손님이 와도 보여 주고 싶지 않은 공간인데 사진으로 남아 블로그에 올라가고 모르는 사람들에게까지 공개가 된다고 생각하니 부끄럽고 계속 신경이 쓰였다.

그렇게 나는 세탁기 주변을 정리하기로 마음먹었다.

막상 마음을 정하고 나니 일은 일사천리로 진행됐다. 작업을 끝내 놓고 보니 시간도 그렇게 오래 걸리는 일이 아니었는데 그렇게 하기 싫다고 미루기만 하면서 2년 동안이나 모르는 척 살아왔다는 사실이 더 희한했다.

1. 처음 이사 왔을 때의 베란다 세탁실.

2. 벽에 페인팅하고 1차 손본 상태.

3. 현재의 베란다 세탁실.

처치 곤란한 것은
가려 주는 것도 방법

손보려고 마음을 먹고 세탁실을 둘러보았더니 안 보였으면 싶은 것들이 많았다. 페인트가 벗겨지기 시작한 배관 파이프. 페인트를 다시 칠할까 생각해 봤지만 그렇게 한다고 해서 파이프가 깨끗한 느낌을 줄 수 있을 것 같지는 않았고, 수도꼭지와 세탁기로 연결되는 세탁 호스가 허공에 늘어져 있는 것도 보기 싫었다. 어떻게 머리를 굴려도 답이 나오지 않자 나는 그것들을 가려 주기로 했다.

그것들을 가리는 작업을 하는 김에 세탁기 위쪽 수납공간도 손을 보기로 했다. 붙어 있던 수납장 깊이가 얼마 되지 않는데도 불구하고 너무 벽에 붙어 있었기 때문에 세탁기 앞에서 물건을 꺼내려면 손도 잘 닿지 않았고, 수납력도 부족해서 세탁기 깊이만큼 큰 수납공간을 만들면 손도 더 잘 닿고 수납도 더 많이 할 수 있을 것 같았다.

그렇게 한참을 구상하고 있는데 지인에게서 전화가 왔다. 일하고 있는 연구실에 수입 기계가 들어왔는데 큰 나무 상자에 실려 왔다며 혹시 그걸 쓰겠느냐고 묻는 전화였다. 남편과 나는 얼른 가서 그 나무 상자를 받아 왔다. 비록 300개가 넘는 못을 뽑아 내야 했지만 상자가 꽤 큼직했기 때문에 여러모로 쓸모가 많아 보였다. 우선 우리는 몇 개의 각재와 버려진 장롱 뒤판 등을 활용해 세탁기 주변 수납장을 만들었고, 기계 상자에서 뜯어낸 합판은 크기에 맞게 자르고 잘 다듬어서 수납장 칸막이와 문을 만들어 달아 주었다. 그리고 그 안에 세탁 세제와 여러 잡동사니들을 넣고 문을 닫아 주니 지저분했던 베란다는 사라지고 깔끔한 느낌의 선반만 자리하게 되었다.

어떻게 해야 할지 난감하고 아무리 들여다봐도 대책이 없었던 곳을 가려주니 이렇게 깔끔하게 정리가 되다니. 보기 싫은 것들은 가려 주는 것도 한 방법이 된다.

1. 수입 기계 박스에서 분리해 낸 합판. 여기저기 도장이 찍힌 게 멋스럽긴 했지만 부서진 곳도 많고 못을 뽑은 구멍도 많았다. 그래서 선반이나 다른 부분에 활용할 때는 그냥 페인트칠만 해서 사용했지만 문을 만드는 용도로 사용할 때는 합판 위에 핸디코트를 바른 후 페인트칠을 했다.

2. 각재를 이용해서 세탁기 우측, 배관 파이프를 가리는 부분, 수납장이 될 부분의 골격을 세웠다. 선반은 분리한 합판을 사용해 얹어 주었다. 안에는 세제 및 각종 페인트, 공구들을 수납하고 있다.

3. 합판 앞면에 핸디코트를 바르고 페인트칠을 한 후 그림을 그려 넣은 세탁실. 합판 상태가 좋지 않아 바로 페인트칠을 할 수 없어서 핸디코트를 발랐다. 정리도 되면서 거친 벽 느낌이 나도록 한 것이다. 지금 보면 그림과 글씨가 많이 유치하지만 셀프 인테리어 초반에는 이런 분위기를 좋아했었다.

4. 우측 배관 가리개는 수도와 배관 코드를 꽂는 부분이라 여닫을 수 있는 문의 형태로 만들었다.

5. 남은 합판으로는 낮은 책꽂이를 만들어 창 밑에 책을 놓았다.

생각을 많이 할수록
공간은 더 알차진다

**애매한 자투리 공간을
낭비 없이 사용하기**

직접 집을 손보기 시작하면서부터 주변 사람들로부터 가끔 이런 오해를 받는다. 바로 우리 부부가 무언가를 만들고 꾸미는 것을 엄청 좋아한다고 생각하는 것과, 매일 집 생각만 하면서 사는 사람처럼 보인다는 것이다.

블로그가 한 가지 주제를 가지고 진행되다 보니, 실제 삶을 살면서 만나는 더 중요한 많은 일들이 있는데도 마치 우리의 일상은 이것이 전부인 것처럼 보이는 경향이 있는 것 같다는 생각이 든다.

하지만 우리는 살면서 불편한 것이 있으면 고치고, 필요한 것이 있으면 만드는 사람들이고, 셀프 인테리어는 우리 삶의 작은 부분 중 하나일 뿐이다.

물론, 집을 직접 손보기 시작하면서부터는 불편한 것을 발견하면 '불편하다'고 불평하는 것에서 끝나지 않고 '어떻게 하면 좋아질 수 있을까?'를 고민하면서 골똘히 생각하게 된 면은 분명히 있다.

'더 잘 쓸 수는 없을까? 이게 최선일까?'

그렇게 생각을 하다 보면 더 좋은 생각이 나오고, 우리는 그것을 실천에 옮기는 것이다.

세탁실 창문 아래에 있는 벽은 애매하게 한 뼘 정도 안으로 들어가 있는 형태여서 보기에도 썩 좋지 않고, 무엇을 놓기도 난감한 곳이었다. 모르는 척하고 살 때는 '그냥 좀 들어간 벽'이었는데, 그곳을 잘 활용할 방법을 생각하다 보니 책꽂이를 만들어 정리하면 자리를 많이 차지하지 않으면서 어느 정도는 책 수납을 할 수 있을 것 같았다.

그렇게 아이디어가 정리되고 난 뒤, 세탁실 수납장을 만들 때 구해 왔던 수입 기계 상자 뜯은 것으로 낮은 책꽂이를 만들어 넣었다. 그러자 애매하게 들어가 있던 공간이 일렬로 정리가 되면서 생각했던 것처럼 책 수납도 많이 되고, 창문 아래 한 뼘 정도 튀어 나오는 책꽂이가 선반 역할을 해 주어서 화분이나 작은 물건들을 올려놓기에도 좋았다.

TOY
?
DUST
!

조그만 아이디어 하나가 창문 아래 선반을 덤으로 선물한 셈이다.

물론, 생각을 하다 보면 바로 실행에 옮길 수 있는 것도 있고, 나중을 기약해야 하는 것들도 있다.

2009년에 세탁실을 손보며 나무 자투리, 여름용 대나무 매트 같은 어디에도 두기 모호한 것들을 모아 둘 곳을 찾다가 '베란다 바닥을 높여 그 아래를 모두 수납 공간으로 쓸 수 있는 수납형 데크를 만들면 어떨까?' 하는 생각이 들었다. 꽤 실용적인 것 같기는 한데 당시에는 여건이 여의치 않아 아이디어만 가지고 있었다.

그러다 2년 후인 2011년, 한 목재 사이트에서 진행된 베란다 데크 이벤트를 접하게 되었다. 마감 마지막 날이 되어서야 그런 이벤트가 있다는 걸 알게 되었지만 전부터 생각했던 아이디어가 있으니 금방 정리해서 '수납형 데크 베란다' 아이디어를 제출했다. 다행히도 그 아이디어 덕분에 재료 일체를 지원받을 수 있는 기회를 얻게 되었고, 머릿속으로만 그리던 수납형 데크 베란다를 우리 집에 만들 수 있었다.

수납형 데크 베란다는, 간단히 이야기하자면 데크를 올려서 베란다 길이만큼의 수납공간을 만드는 것이다. 수납공간이 부족한 작은 집에 참 실용적이고 나름 획기적인 공간인데, 만약 우리 집에 뭐가 필요한지 골똘히 생각하는 시간이 없었더라면 이 공간도 존재하지 않았을 것이다.

당장 할 수도 없는 것에 신경을 모으고 깊이 생각하는 것이 시간 낭비처럼 느껴질 수도 있다. 하지만 '지금 할 수 있는 형편도 아닌데 생각해 봤자 뭐하겠어.'라며 내팽개쳐 뒀다면 어떤 기회가 와도 잡을 수 없을 것이다. 당장은 실행에 옮기지 못하더라도 다양한 아이디어를 떠올려 보는 것은 나중에 어디서든 꼭 도움이 되니, 지금 불편한 것들을 째려보며(?) 생각에 잠기기를 권유하고 싶다.

앞으로의 베란다 계획

베란다는 세탁기 상단 수납장이나 수납 데크 등을 이용해 수납할 공간을 확보했는데, 문제는 정리 정돈이 잘 되어 있지 않다는 것이다. 인테리어의 시작은 버리기가 기본이라는데 물건을 잘 버리지 못하는 성격이라 당장 필요 없는 것들도 많이 가지고 있는 편이다. 올해는 물건들을 정리해서 버릴 건 버리고, 좀 더 찾아서 쓰기 편하게 정리하려 한다.

베란다 벽을 칠한 페인트의 경우에는, 셀프 인테리어 초창기 때라 과도한 자린고비 정신 탓에 페인트에 물을 많이 타서 칠했더니 가까이서 보면 얼룩이 져서 지저분하다. 시간이 되면 페인트칠도 다시 한 번 하고 싶다.

물때가 싫어 뽀드득한 건식에 도전한 욕실

셀프 인테리어를 진행하면서 가장 먼저 마무리를 지었던 욕실.

가장 빨리 마무리를 지을 수 있었던 이유는, 욕실에 마음에 들게 고쳐졌다기보다는 더 이상 손을 댈 수 있는 부분이 많지 않았기 때문이라는 말이 더 적절한 것 같다.

우리 집 욕실은 플라스틱 벽체로 이루어진 UBR 형식이다. 통으로 이루어져 있기 때문에 벽에 선반 모양, 거울 모양 성형이 다 되어 있고, 변기와 세면대, 그리고 욕조까지 일체형이다.

내 마음에 들도록 제대로 공사를 하려면 플라스틱을 자르고 철거부터 해서 새로 벽을 만들고 타일을 붙여야 하는데 이건 전문가도 일주일 정도의 시공 시간이 필요하고, 일반 타일 욕실 공사보다 비용도 몇 배로 드는 작업이기 때문에 우리의 영역이 아니라고 판단했다.

그래서 우리는 큰 욕심을 버리고 우리가 할 수 있는 것만 조금 손을 보기로 합의한 후 딱 필요한 두 가지를 하기로 했다.

우선, 우리 욕실은 건식으로 사용하기로 했다. 일 때문에 미국에 잠시 갔을 때, 욕

손보기 전의 욕실. 색깔도 우리 집과 맞지 않았고 습식이라 물때가 끼기 좋았다.

낡고 작은 집 인테리어

After
Like
ower
I L
Showe
Be filled with the
Holyspirit

실에 카펫이 깔려 있는 것을 보고 처음엔 조금 당황했다. 아무래도 몸을 씻는 공간인데 카펫이 깔려 있으니 씻는 것도 조심스러워지고 불편하다고만 생각했던 것이다. 그런데 2, 3일 정도 지나니 금세 적응이 되면서 오히려 그게 편하게 느껴졌다. 개인적으로는 욕실 슬리퍼에 물때가 끼는 것과 곰팡이가 피는 것을 제일 싫어하는데 건식으로 사용하면 그런 불편함을 덜 수 있을 것 같았다.

우리가 건식 욕실 작업을 할 당시에는 포털 사이트를 아무리 뒤져 봐도 관련 자료가 없어 시도를 해도 되는 것인지 조금 조심스러웠다. 셀프 인테리어 초기였기 때문에 우리는 크게 일 벌리지 말자고 생각해서 직접 나무를 주문하거나 자르는 일 없이 방수 코팅이 되어 있는 조립식 마루를 주문해서 깔아 보았다. 처음 시도 치고는 꽤 만족스러웠다. 우선, 슬리퍼를 갈아 신지 않고 욕실에 들어갔다 나왔다 하는 게 좋았다.

두 번째로는 욕실에 페인트칠을 하기로 했다. 당시 우리 욕실은 회색 플라스틱 벽체에 세면대와 욕조는 민트색이었는데 아무래도 집 안 전체 분위기와 너무 동떨어진 느낌이 들어서 페인트칠을 해 보기로 했다.

　　　　　　　　　　　　　　　　　　　　　　　낡고 작은 집 인테리어

당시에는 욕실용으로 나온 페인트를 찾기가 어려워서 방수용을 구해다 바르고, 문구용 유성 매직을 이용해 욕실에 어울리는 그림을 그려 넣었다.

결과부터 말하자면, 세면대 윗부분은 물이 자주 닿는 곳이기에 페인트칠이 적합하지 않았지만 앞면만 칠했던 욕조와 벽은 아직 벗겨지지 않고 잘 남아 있다. 어두운 회색과 민트색 때문에 더 어둡게만 보였던 욕실은 하얗게 변신하면서 한층 더 밝고 경쾌해졌다.

요즘은 욕실용 페인트도 다양하게 출시되고, 직접 설치가 가능한 DIY용 샤워 부스도 나와 있으니 마음만 먹으면 누구나 욕실을 손볼 수 있게 됐다. 욕조나 세면대를 교체하는 게 부담스럽다면 코팅 등의 방법도 있으니 셀프 인테리어에도 도전해 볼 만하다.

우리 집 욕실도 아직은 좀 더 손보고 싶은 부분이 많다.

자신의 생활 습관에 맞추는 것이 중요하다

우리 집 욕실은 10만 원도 채 들이지 않고 효율적으로 손을 본 절약형 리폼으로 주목을 받았었다. 그런데 우리 집이 소개되면서 가장 말이 많았던 곳도 욕실이었다.

지금이야 건식 욕실이 많이 익숙해졌지만 우리가 집을 고치던 당시만 해도 그렇지 않았기에 우리가 욕실에 조립식 마루를 깐 것을 보고 '욕실에 마루라니, 금방 다 썩을 것이다.', '욕실에 이게 무슨 짓?'이라며 비판 섞인 글들이 있었으니 말이다.

하지만 많은 사람들의 우려에도 불구하고 우리는 건식 욕실을 잘 사용하고 있다. 조립식 마룻바닥에는 플라스틱으로 만들어진 부분이 있기 때문에 공중에 살짝 뜨게 되어 있어서 나무가 딱히 썩을 일이 없었다. 평소 욕실 청소는 청소기를 돌린 후 걸레질을 하는 정도였고 가끔 나무를 분리해 아래에 떨어진 먼지나 머리카락을 정리한 후 물청소를 하고 물기가 다 마르면 다시 마루를 끼워 사용했다.

평상시에 욕실을 사용할 때에는 욕조에서 샤워기를 이용해 머리를 감거나 몸을 씻고, 세면대에서는 간단하게 세수나 손 씻기, 양치질 정도를 한다. 그리고 앞에 깔아 놓은 발 매트에 젖은 발을 대충 닦고 나오는데, 젖은 발로 마루를 그냥 밟아도 그 정도 물기는 금방 마른다.

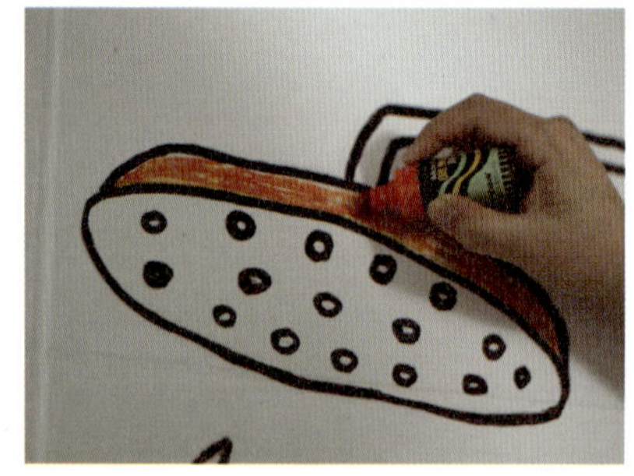

우리는 이렇게 만든 건식 욕실을 5년 이상 잘 쓰고 있고, 베란다 데크 작업 때 사용했던 자재가 사우나에서도 사용되는 것이었기에 남은 일부를 이용해 다시 욕실에 깔아 주었다. 이때에도 물론 나무 밑에 고무 발이나 플라스틱 발 등을 끼워 욕실 맨바닥에 닿지 않고 공중에 조금 띄우는 역할을 할 수 있게 해 주는 것이 필요하다.

그런데 우리 부부처럼 욕실을 건식으로 사용할 때에는 남자들의 협조가 절대적으로 필요하다는 것을 말씀드리고 싶다. 남편은 화장실에서 책을 읽는 것을 무척 좋아했기 때문에 물기가 없는 건식 욕실을 나보다 더 좋아했다. 그래서 강요나 잔소리 없이도 스스로 알아서 화장실 문제에 협조를 해 줬기 때문에 지금까지 유지를 할 수 있었던 것이다.

우리 부부의 방식이 모든 사람에게 맞지는 않을 수도 있다. 욕실만큼은 물을 쫙쫙 뿌리면서 청소하고 살아야 속이 시원한 분들에게 우리의 방법은 맞지 않을 것이다. 생활 습관이란 자신만의 것이며 자신이 제일 잘 알고 있는 것이니 뭐가 됐든 자신이 좋고 편한 대로 필요에 맞게 쓰면 된다.

누군가를 따라서, 유행을 좇아서 등의 이유가 아니라, 젖어서 곰팡이 난 슬리퍼와 물때가 싫은 사람들은 건식으로, 물과 세제로 바닥을 뽀득뽀득 닦아야 직성이 풀리는 사람들은 일반적인 모습으로 '내게 잘 맞는 방법'을 택해서 적용할 필요가 있다.

우리 집 욕실 인테리어는 아주 초보적인 수준이지만 우리보다 훨씬 멋지고 깔끔

낡고 작은 집 인테리어

하게 셀프 인테리어를 한 욕실들도 많다. 그런 시공을 궁금해 하시는 분들을 위해서 PART04 '재미가 가득한 낡은 집' 코너를 통해 욕조를 들어내는 것부터 모두 셀프 시공한 블로거 오리부리 님의 욕실 이야기와, 최근 나온 욕실용 페인트를 이용해 리폼한 미스터 님의 욕실 셀프 시공기를 첨부했다. 좋은 자극이 될 것이다.

⋯⋗ 버려진 책장을 리폼해서 만든 욕실 수납장이다. 셀프 인테리어 초기 작품이라 조금 허접스럽지만 아직은 그냥 사용하고 있다. 언제 시간이 나면 다시 만들고 싶은 마음이 든다.

PART 03

작지만
작지
않은 집

결혼하고 10년이 지나니 살림살이는 늘어났는데 집을 줄여 이사하는 바람에 공간이 작아져서 아쉬운 마음이 컸다. 갑자기 놓을 공간이 없어진 책상과 책을 이리 옮기고 저리 옮기며 한숨을 쉬다 든 생각은 답답해한다고 집이 커지는 것도 아니니 달라지지 않는 작은 평수의 집을 붙잡고 한숨 쉬고 있기 보다는 작은 집을 넓게 쓸 수 있는 방법을 찾아보자는 것이었다.

처음엔 무엇을 어떻게 해야 할지 몰라서 막막했지만 작은 집에서 살다 보니 쓸 만한 생각들이 머릿속에 떠올랐고 그런 것들을 삶에 적용하다 보니 지금은 전보다 조금 더 넓어진 듯한 느낌을 받으며 살고 있다. 우리 집은 작은 집 그대로인데 말이다.

그러고 보면 '작다'라고 말하는 것은, 실질적인 넓이가 아닌 작게 느껴지게 만드는 어떠한 상황에서 비롯된 것일지도 모르겠다. 그래서 한편으로는, 작지만 작지 않게 느껴지는(?) 집을 만들어 가는 것이 불가능한 것은 아니라는 생각이 든다.

이번 장에서 소개하려는 것은 작은 집을 극복하기 위해 고민하고 만들어 활용하고 있는 '작은 집 넓게 쓰는 방법'에 관한 이야기이다. 실제 만들어 본 것들 중 성공적이고 쓸 만한 아이디어가 있는가 하면, 예상치 못한 문제에 부딪힌 것들도 있었지만, 문제들은 모르던 것을 알게 해 주는 좋은 기회가 되기도 했다.

아무래도 여기에 소개하는 방법들이 우리 집의 필요에 맞게 만들고 사용된 것이다 보니 모든 작은 집에 잘 맞는 방법은 아닐지도 모른다. 그래도 원리와 아이디어를 활용해 자신의 집에 적용해 볼 수 있는 것은 무엇인지 스스로 고민하고 찾아본다면 분명 좋은 방법을 생각해 낼 수 있을 것이다.

전문가가 아니고 독학으로 만들고 있는 만큼 과정이 서투르거나 모자를 수 있으니 '이 사람들은 이렇게 만들었구나.' 하는 정도로 참고삼아 보시면 좋을 듯하다.

<h1>비어 있는 공간
활용하기</h1>

**공간은 늘리고
느낌은 살려 주기**

갈 곳 없던 책들을 베란다에 수납한 후 한시름 덜긴 했으나, 조금 공간이 부족하기도 했고 자주 볼 책들은 손 닿는 곳에 있는 게 편하기도 해서 책 일부는 거실에 두기로 했다. 그런데 문제는 거실은 이미 책상과 소파가 자리를 잡고 있어 책꽂이를 둘 만한 공간이 없다는 것이었다. 거실의 자리를 차지하지 않으면서 책을 수납할 수 있는 방법이 필요했는데 '어떻게 할 수 있을까?' 하며 고민하고 있을 때 TV에서 스치듯 지나간 한 카페의 '벽에 걸린 책장'이 눈에 들어왔다. 우리 필요에 딱 맞는 책꽂이였다. 그래서 우리도 벽에 책꽂이를 달아 보기로 했다.

책꽂이가 너무 약하면 책 무게를 버틸 수 없을 것 같아 두툼한 나무로 책꽂이를 만들었다. 벽에 다는 건 철물을 이용해 달았는데 동네 철물점에서 가장 튼튼하고 큼직한 철물을 골라 왔다. 생각한 대로 다 만들어 달아 놓으니 거실 바닥을 좁게 만들지 않으면서 책 수납이 되고, 책상과 소파 가까이 책이 있어 언제든 책을 꺼내 보기 편리했다. 덤으로, 거실의 분위기를 새롭게 해 주는 인테리어 효과도 있었다.

처음에 책꽂이를 벽에 고정할 때에는 조금 불안한 마음이 들어 책장만 걸어 놓고 일주일 정도는 그 밑에 얼씬도 하지 않았다. 그리고 2주 정도 관찰 기간을 거치고 난 후 책을 꽂기 시작했는데 한 번에 많은 양을 꽂지 않고, 순차적으로 한 칸씩 꽂아 가며 또 관찰! 그렇게 두 달 가까이 상태를 점검하고 지금은 4년째 마음 편히 잘 사용하고 있다.

우리가 만족하는 것과는 별개로 아직도 이 책꽂이 만들기 글에는 안전을 걱정하는 덧글이 달리곤 한다. 우리 역시 이것이 모든 경우에 안전하다고 말하기는 어렵다. 모두의 상황이 다르니 말이다. 그저 우리는 아무 탈 없이 4년 넘게 안전하게 잘 사용하고 있다는 것이 우리가 할 수 있는 대답이다. 각 가정의 벽 상황, 책장의 강도, 연결 방식에 따라 안전 문제는 달라질 수 있으니 잘 판별하는 과정이 필요하다. 꼭 같은 방식이 아니라도 다르게 적용할 수 있는 아이디어들을 뒷장에 제안했으니 참고해 주시길.

책장을 벽에 달 때 우리가 이용한 철물로 4개 사용했다. 벽에 거는 철물은 길이나 모양이 다양하니 자기 필요에 맞는 것을 고르면 된다. '무지주 선반' 이라는 이름으로 겉에서 전혀 노출되지 않게 숨는 철물이 있어 사용해 보려 했으나 그렇게 하려면 일자로 구멍을 정확히 뚫어야 했다. 드릴로 구멍을 똑바로 만드는 게 쉽지 않아 포기했는데 드릴프레스를 가지고 있는 경우는 그 방법도 좋을 듯하다.

TIP 안정성

책장을 벽에 걸 때 가장 중요하게 생각해야 할 것은 안정성이다. 안전한 사용을 위해서는 벽의 강도, 책장의 견고함 그리고 책장의 무게를 버틸 수 있는 연결 철물, 이 세 가지가 중요하다. 책과 책장의 무게를 버텨야 하기 때문에 벽이 석고보드일 경우는 곤란하고 콘크리트 벽이어야 가능하며 책꽂이의 경우 내구성이 약한 것들보다는 두께가 있는 집성목이나 각재로 만들어진 것이 좋다. 우리 집 벽은 콘크리트 옹벽이었고, 책장은 무게 감당을 위해 두툼한 나무(집성목)를 골라 만들었으며, 철물은 철물점에 가서 직접 만져 보고 가장 크고 튼튼해 보이는 것을 여러 개 준비했다.

벽걸이 책꽂이

책장 크기		3360x320x220mm, 미송 집성목 두께 30t
나무 재단 :	**위**	560x220x2ea
	아래	1120x220x5ea
	옆판	260x220x8ea

긴 책장을 만들 때의 포인트는 짧은 나무들을 연결하는 집성에 있다. 특히 책장을 벽에 달아야 하고, 책을 꽂기 때문에 그 무게를 견딜 수 있게 튼튼히 만드는 것이 매우 중요하다. 따라서 아래 그림과 같이 어긋맞게 연결해야 한다. 또한 나무 재료도 강도가 높은 미송 집성목(30t)을 사용했다.

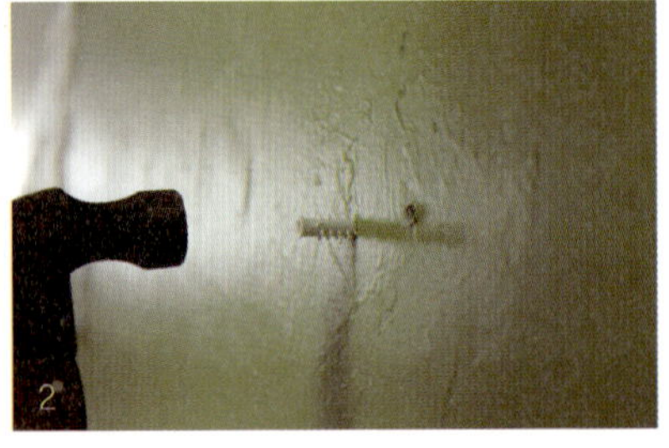

1. 책꽂이 위판과 아래판을 세로 칸막이로 연결하고 집성할 면에 목심을 연결할 수 있도록 드릴로 구멍을 뚫어 놓는다.

2. 구멍에 목심을 끼워 넣고 연결할 단면에 목공 본드를 발라 준다.

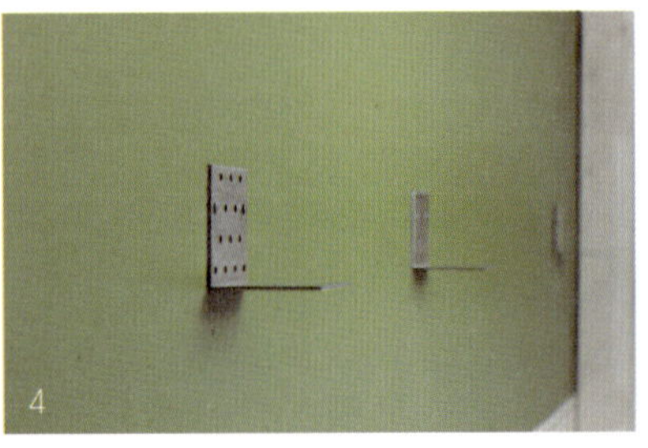

3. 만들어 놓은 다른 조각과 연결하여 책꽂이를 완성하고 오일 스테인을 칠한다.

4. 전동 드릴로 벽에 구멍을 뚫고 칼블럭을 고정한다.

···➔ 5. 벽에 고정하기 위한 꺾쇠를 칼블럭 있는 자리에 나 6. 꺾쇠와 책장을 연결한다.
사로 고정한다. 우리는 동네 철물점에서 80x80 꺾쇠
4개를 구입해서 사용했다.

🔦 안전이 불안할 땐 양쪽에 책장을 기둥처럼 세우고 올린다

책장을 벽에 거는 것이 불안할 경우 양쪽 벽에 기둥처럼 책장을 길게 세우고 위로 벽걸이 책장처럼 가로로 한 칸을 더 올리는 방법을 사용할 수 있다. 이렇게 하면 책 수납은 더 많이 되면서 안전에 대한 불안감을 덜 수 있고, 거실의 TV쪽이나 소파 쪽 양면 모두 배치가 가능하다.

아이들 방에 책상과 메모판 주변 전면 책장 느낌으로 배치할 수도 있다. 벽에만 의존하는 것과 달리 쌓아 올린 것이라 받쳐 주는 힘이 있고, 기존 책장을 활용하는 것도 가능하다.

단, 책장 자체가 너무 약하지는 않은지 잘 확인하고, 혹시 모를 문제를 위해 맨 위로 올라오는 책장의 중간을 철물로 한두 군데 받쳐 무게 균형도 잡아 주고, 책장이 휘어지지 않게 해 주면 좋을 듯하다.

🔦 벽걸이 책장에 문을 달면 수납장 + 책장이 된다

책이 아닌 물건을 수납할 일이 더 많다면 책장 앞에 문을 달아 수납장처럼 사용하는 방법도 생각해 볼 수 있다. 2단으로 된 책장을 만들어 위나 아래쪽에 문을 달아 사용하면 한 칸은 책꽂이로, 한 칸은 수납장으로 사용이 가능하고, 한 단짜리일 경우라도 문을 달아 주면 공간이 전체적으로 정리되어 보이는 효과를 얻을 수 있다.

특히 아이들 공부방에 활용하면 가방 같은 것을 정리하거나 개인적인 짐들을 넣어 놓기에 좋다. 꼭 벽에 달지 않더라도 기존에 가지고 있는 세워 놓는 책장에 남는 공간이 있다면 문을 몇 칸만 달아 주면 책 수납과 물건 수납을 함께 해결할 수 있다.

벽 책장에 이 방법을 활용할 경우 문은 경첩과 함께 유압식으로 문을 받쳐 들어줄 수 있는 실린더를 설치해 주면 더 편리할 듯 하다.

시판되는 찬넬을 활용한 방법

시판되는 제품 중 쉽게 원하는 높이를 조절해 벽에 고정할 수 있게 나오는 찬넬이 있다. 벽에 고정하는 기둥과, 받침쇠, 선반 등을 세트로 판매하기도 하고, 철물만 판매하기도 한다. 기둥을 벽에 고정해 주면 그 후엔 원하는 높이 어디나 받침쇠를 고정하고 그 위에 선반을 놓고 고정할 수 있어 놓을 물건들의 높이가 바뀌어도 손쉽게 이동이 가능하다.

필요할 때만
제 기능 하기

책상 속에 나 있다 우리 집 주방은 식탁을 놓을 만한 공간이 나오지 않아 좁은 폭의 아일랜드 식탁을 만들어 놓았다. 이름은 식탁이지만 거의 조리대로 사용하다 보니 식사 때가 되면 매번 작은방에서 밥상을 꺼내 사용하고 다시 접어 넣곤 해야 했는데 꽤나 귀찮은 일이었다. 그래서 생각해 본 것이 평소에는 자리를 차지하지 않으면서 쉽게 꺼내 쓸 수도 있는 식탁이었다.

무슨 방법이 없을까 하며 거실을 한참 째려보다 눈에 들어온 공간은 책상 밑. 책상 아래 비어 있는 공간의 사각형 모양을 따라 똑같이 식탁을 만들어 넣으면 보관할 때 자리도 차지하지 않고, 눈에도 띄지 않고, 꺼내 쓰기도 좋겠다는 생각이 들었다.

이 식탁은 평상시에는 책상 안에 수납되어 있다가 필요할 때는 꺼내서 사용하는 방식이다. 펴고 접을 필요가 없고, 쓰지 않을 때는 책상 밑으로 쏙 들어가기 때문에 보관도 용이하다.

만들 때는 식탁 용도로만 생각했었는데 사용하다 보니 책상에서 3분의 1 정도만 꺼내면 키보드 책상으로 사용하기도 좋았다. 장시간 컴퓨터를 사용할 때 책상 높이에 자판을 놓고 사용하는 것은 어깨나 목에 꽤나 부담이 되는 편인데 좀 더 낮은 위치에서 자판을 사용하니 편리했다. 평소엔 키보드 책상으로, 밥 먹을 때 식탁으로, 남편에게 책상이 필요할 땐 남편의 책상으로 활용한다.

비교적 만들기가 단순해 작은 집이나 혼자 사는 작은 자취방 같은 곳에서 시도해 볼 만하다.

1. 책상 아래 넣어 둔 숨는 식탁. 책상 아래편에 줄이 하나 더 있는 정도의 느낌이라 꺼내지 않으면 아무도 모를 만큼 눈에 띄지 않는다.

2. 책상 아래 넣어 두거나 빼서 사용한다.

3. 상황에 따라 거실 소파 앞쪽에 두고 책상처럼 사용하기도 한다.

숨는 식탁은 방수 효과가 좋은 오일 스테인을 이용해 색을 넣었다. 식탁의 외부 면은 어두운 색상 오일 스테인을 발랐지만 안쪽 면은 흰색으로 칠해서 밖에서 볼 때 거실 전체 분위기에서 도드라지지 않게 했다.

식탁의 바닥은 가구 보호용 펠트를 붙여주니 쉽게 미끄러져 나와 굳이 들어서 이동할 필요가 없다.

처음부터 계획을 하고 책상과 세트로 만든 것이 아니다 보니 두껍게 하기에는 공간이 부족해 조금 얇은 목재를 사용했고, 그래서 약간 약해 보이는 느낌이 있다. 하지만 성인만 둘 있는 우리 집에서는 테이블 위에 사람이 올라가거나 할 일이 없어 가벼운 식탁 용도로 쓰기에 무리가 없다. 두께나 강도는 각 가정의 필요에 맞게 제작이 필요할 것 같고, 만들게 된다면 집마다 사용하는 책상의 높이가 다르니 식탁이 들어가도 앉을 여유가 되는지, 실제 식탁 높이로 쓸 때 높이가 괜찮은지 정도는 확인하고 만드는 것이 좋을 듯하다.

식탁을 넣을 때 책상 앞쪽 다리와 뒤쪽 다리 사이가 비어 있어 그 공간으로 테이블이 비뚤게 들어가면 한 번에 쉽게 넣지 못해 불편하다. 그래서 책상 다리의 위쪽과 아래쪽에 테이블이 비뚤게 들어가지 않도록 가드가 되어 줄 나무를 설치했다. 사진 속 우측 책상 다리를 보면 다리와 다리 사이 위 아래에 가로로 붙여 준 두 개의 나무 조각이 있는데 이것이 가드 역할을 해 주어 식탁이 한 번에 쓱 들어가고 나온다.

책상 옆면이 넓은 판재 형태일 때는 필요 없지만 다리 형태일 때는 가드용 나무를 설치해 두면 한결 입출이 편리하다.

식탁의 뒤쪽 지지대 부분. 나무는 기본적으로 건조되면서 휘는 습성이 있어 상판과 옆판만 연결해서는 모양을 유지하기 힘든 어려움이 있다. 사용의 편리를 위해 앞쪽까지 지지대를 대주기는 어려웠고 뒤쪽에만 상판과 옆판을 같이 잡아주는 지지대를 연결해 주었다. 앞쪽은 2주정도 비슷한 길이의 나무를 대서 옆판이 휘어지는 것을 막아 주었다.

보강목 사용

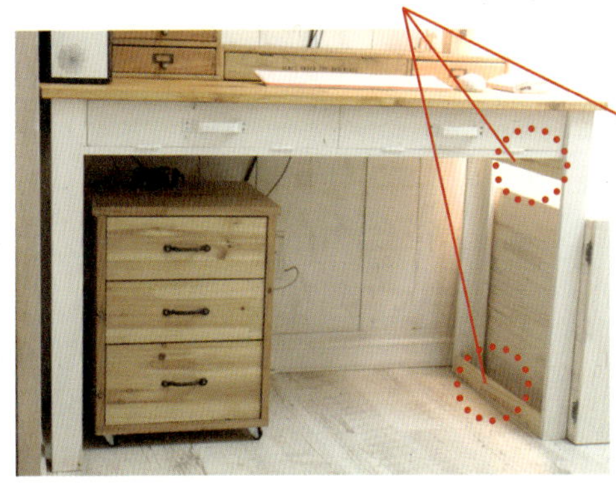

숨는 식탁   ※뒷면 도면 참조

숨는 식탁을 만들 때 가장 중요한 점은 책상 아래 들어가야 하기 때문에 책상 아래 공간의 크기게 잘 맞아야 한다는 것이다. 우리 집 책상의 아래 공간은 가로 1044mm, 세로 622mm였다. 따라서 숨는 식탁은 위 공간 2mm, 좌우 4mm의 여유를 두어 1040×620mm로 만들었다. 사용한 판재의 두께도 15t는 조금 얇은 감이 있어서 18t를 사용하였다. 옆판은 위쪽에서 나사로 고정하기는 했지만 흔들리는 것을 막기 위해 뒤쪽에 50mm 지지대를 상판과 함께 연결했다.

사용한 나무　18t 미송 집성목

상판　548x1040mmx1개

옆판　548x602mm 2개

지지대　50x1004mmx1개

1. 상판과 옆판을 나사를 이용하여 연결한다.

2. 목심을 이용하여 나사 머리 자리를 가려 준다.

3. 상판의 아래쪽에 나사를 이용하여 지지대를 연결한다.

4. 거실 마루에 잘 미끄러지도록 펠트 천을 한쪽에 2개
씩 4개를 붙여 준다.

5. 대니쉬 오일을 칠해 준다.

6. 식탁용으로 사용하려면 물기에 강해야 하기 때문에
방수 기능이 있는 부쳐 블럭을 위에 한 번 더 칠해 준다.

**필요와 목적에 따라
변신하는 만능 가구**

처음 이사 와서는 패브릭 소파를 주워다 리폼을 해서 편하게 잘 사용했다. 둘이서만 있을 때는 참 편했다. 그러나 우리 집은 손님이 자주 찾아오는 편이었고, 보통 예닐곱 명 이상의 손님들이 오는 경우가 많다 보니 손님이 올 때 소파 때문에 어디 앉기가 애매했다. 누구는 소파에, 누구는 거실 바닥에 앉아야 하기도 했고, 상이라도 내면 공간이 더 작아져 앉아 있기가 어려웠다. 그래서 둘이 있을 때는 소파처럼 쓰다가 손님이 오면 더 많은 사람들이 앉을 수 있고, 그러면서 평상시에는 수납까지 되는 변신 소파를 만들기로 했다.

작은 집의 거실은 무언가를 늘어놓기에는 공간이 협소하다. 평범하게 소파 앞에 티 테이블 하나 놓는 것도 동선에 방해가 되고, 손님이 여럿 오면 마땅히 앉을 곳도 없어진다. 그래서 한 가지의 기능보다는 다양한 기능을 가지고 있으며, 벌려 놓기보다는 어딘가 숨겨 두었다 필요할 때만 꺼내 쓸 수 있는 가구가 더 효율적이다. 이 소파는 손님이 자주 왔던 우리 집의 상황에 맞추어 만든 소파로 소파 겸, 수납 공간 겸, 손님들을 위한 의자 겸, 티 테이블을 품고 있는 다기능 변신 소파이다.

일단 윗부분은 소파처럼 앉을 수 있도록 틀을 짰다. 그 아래쪽에는 수납을 할 수 있는 사각형 수납 상자를 만들어 넣었다. 수납 상자는 기본적으로 수납을 할 수 있고, 필요할 땐 위에 앉을 수 있는 스툴의 역할도 할 수 있게 만들었다. 그리고 손님이 오면 다과상이 나가야 하니 아예 티 테이블도 안으로 넣어 만들면 좋겠다는 생각이 들어 한쪽에는 수납 상자와 소파 부분 사이에 티 테이블을 만들어 넣었다.

평소엔 모두 소파 상태로 합쳐 두고, 집에서 둘이 차를 마실 때는 티 테이블만 가볍게 꺼내 사용한다. 손님이 오면 아래 있는 수납 상자들을 꺼내 의자로 변신시켜 둘러앉아 이야기를 나눈다. 갑자기 소파 하나에서 의자와 테이블이 마구 나오니 놀러 온 손님들에게 재미있는 구경거리이며 대화거리가 된다.

소파 팔걸이 부분 역시 수납이 가능하게 만들었다. 계획은 삼단 레일을 활용해 앞 문을 당기면 안쪽에 수납한 물건들이 나오는 슬라이드 형태의 수납을 생각했었는데 만들기 전 우리 부부 사이에 의사 소통이 잘 되지 않아 그냥 평범한 수납 공간이 되었다.

원래 계획은 앉는 부분과 등쪽으로 스펀지를 이용한 쿠션까지 완성을 해야 하는데 나무로 틀만 잡아 놓고 몸이 좋지 않아 계속 저 상태로 그냥 사용하고 있는 반 완성품이기도 하다.

소파 팔걸이 부분은 현재는 그냥 텅 빈 형태의 수납공간이다. 변신 소파의 수납 상자를 손님들이 스툴로 쓰려면 쿠션이 필요해서 쿠션을 만들면 그것을 보관하는 용도로 쓸 계획이다.

1. 안에 있는 수납 상자와 티 테이블을 꺼낸 모습. 손님이 올 경우 소파에 4명, 수납 상자에 4명, 최대 8명 정도까지 앉을 수 있다.

2. 왼쪽편에 들어 있는 티 테이블을 꺼내는 모습. 평소에는 잘 안 보이게 수납 상자와 소파 사이에 라인처럼 있다가 꺼내면 티 테이블로 사용할 수 있다.

3. 수납 상자. 윗부분이 열리는 형태로 안에는 가벼운 물건들이 수납되어 있다. 바닥 면은 숨는 식탁처럼 가구 보호용 펠트를 부착해 잘 미끄러지도록 만들었다. 스툴로 사용되는 수납 상자는 이동의 편리함을 고려해 너무 무겁지 않은 차 종류나 가벼운 물건들을 담아 두고 사용한다.

낡고 작은 집 인테리어

변신 소파의 장점은 거실에 필요한 다양한 가구와 기능을 담고 있는 다기능 가구라는 점이지만 또 한 가지를 꼽으면 필요에 따라 더 추가하거나 빼는 것이 가능한 모듈형이라는 점이다. 현재의 작은 집에만 맞추면 나중에 좀 더 넓은 곳으로 이사를 가게 될 때 사용하기 어려우니 언제든 같은 크기와 모양으로 빼거나 추가하는 것이 가능하면 좋을 것 같았다.

지금은 우리 집 상황에 맞게 소파를 두 개로 나누어 만들고 붙여 놓은 형태인데 나중에 같은 높이로 만들어 옆으로 붙이면 더 긴 소파를 만들 수도 있고 혹시 아이들 방에 수납 소파가 필요해지면 하나씩 나누어 넣어 줄 수도 있다.

수납 상자의 이동 편리성을 위해 바퀴를 다는 것도 생각해 봤지만, 이동은 편해도 사람이 앉을 때 불안할 것 같아 우리는 바퀴를 사용하지 않았다. 의자 용도가 아닌 수납만으로 계획을 한다면 작은 바퀴를 보이지 않게 달아 주는 것도 편할 것 같다.

만들 때는 나무의 수축 팽창을 고려해 합체되는 부분들끼리 어느 정도의 여유를 주어야 한다. 우리는 보통 2~3mm를 주고 있다.

(💡) 아이디어 제안

🔧 공간 박스를 활용하면 조금 더 쉬워지는 수납 소파

사용 형태에 따라 굳이 의자로 쓸 일이 없다면 뚜껑이 필요치 않으니 뚜껑 없는 형태로 수납 상자 부분을 만들 수도 있고, 만들기가 익숙하지 않을 땐 시판되는 공간 박스를 활용해도 좋다. 공간 박스는 정사각형 모양의 한 개짜리부터 여러 단으로 구성된 것들이 있어 필요에 따라 맞춰 구성하기 좋고, 기존 공간 박스에 뚜껑이 될 나무만 주문해서 달아 주어도 스툴의 역할이 가능하다.

아이들 방의 경우 수납 소파를 만들어 줄 수도 있지만 책꽂이나 멀티 공간 박스 등을 눕혀 놓고 그 위에 쿠션과 방석 등을 올려 주면 간단히 수납 소파로 변신 사용이 가능하다.

다기능 수납 소파   ※뒷면 도면 참조

1. 소파 부분의 상판은 12t 미송 집성목을 사용하고 아래쪽에 라왕 각재를 대서 상판의 휘어짐을 막아 주었다. 판재와 각재는 목공 본드와 전기 타카를 이용해 붙여 주었고 각재끼리는 나사를 이용해 고정해 주었다. 각재를 붙일 때는 옆판을 연결하기 위해 옆판의 두께 18mm만큼 여유를 두고 붙여 주었다.

2. 상판과 각재가 연결된 면을 가려 주기 위해 목공 본드를 이용하여 12t 미송 집성목을 앞뒤로 붙여 주었다. 이와 같이 판재만으로는 강도가 약할 때 안쪽에 각재를 붙여 주고, 외관에 판재를 덧대 주어 강도와 디자인 모두 만족스러운 결과를 얻을 수 있다.

3. 소파 부분의 옆판은 직소기나 톱으로 각재가 걸칠 부분만 귀를 따 준다. 각재가 옆판의 위로 걸치도록 한 것은 사람이 위에 앉았을 때 받는 하중을 다리 역할을 하는 옆판에 전달하기 위함이다.

4. 귀를 직각으로 따낸 옆판이 준비되면 이제는 옆판과 상판을 연결한다. 이때 옆판에서 안쪽에 보강목으로 설치한 라왕 각재에 나사를 박아 고정한다. 옆판은 다리 역할을 하기 때문에 미송 집성목 18t를 사용하였다. 사진에 보이는 구멍이 나사를 박은 위치이다.

5. 완성된 소파 부분. 앞쪽은 수납 박스와 티 테이블을 넣고 뺄 수 있어야 하기 때문에 뒤쪽에만 옆판을 지지해 줄 수 있는 보강목을 대 주었다. 다기능 소파의 핵심 중의 하나가 이것이다. 보강목이 필요하지만 뒤쪽에만 대 주는 것이다.

6. 티 테이블은 안쪽에 수납 상자를 꺼내지 않은 상태에서도 수납이 가능하게 만들기 위해 뒤쪽에도 보강목을 대지 않고 정확히 'ㄷ'자를 엎어 놓은 모양으로 만든 가구이다. 테이블로 사용하기 위해 18t 두께로 만들었다. 목공 본드를 바른 후에 나사로 박아 주면 된다.

7. 수납 상자는 나무 박스를 만드는 방법으로 만들었다. 위쪽을 문으로 만들었기 때문에 뒤쪽으로 경첩을 달아 주었다. 12t 미송 집성목을 사용하였고, 경첩은 이지 경첩을 사용했다.

8. 수납 상자의 문짝은 앞에서는 보이지 않도록 해야 보다 깔끔하기 때문에 문짝이 안으로 들어가도록 설계를 하였다. 따라서 문짝을 지지해 줄 수 있는 나무 조각을 안쪽에 박아 주었다.

9. 도색은 나무 색보다는 거실의 전체 분위기와 어울리게 흰색 스테인으로 칠해 주었다. 수납 소파에 사용한 스테인은 안티쿠아 피니쉬 와이핑 스테인이다.

10. 수납 상자의 손잡이는 최대한 눈에 띄지 않게 하기 위해 파일 케이스를 잘라서 사용했다. 파일 케이스는 매우 저렴하면서 활용하기 좋은 재료이다. 송곳으로 박을 자리에 구멍을 내 주고 드릴로 작은 나사를 박아서 고정했다.

숨은 공간을 찾으면
수납의 힘이 생긴다

**알짜 공간
제대로 쓰자**

여름이나 겨울처럼 계절이 달라지면 바꿔 줘야 하는 침구들이 있다. 생각보다 침구류는 부피가 있어 보관할 위치가 필요한데 적절한 장소가 없었다. 그러다 침대 밑 공간을 활용해 보면 좋겠다는 생각이 들었다. 수납 상자를 만들어 침대 안쪽에 넣어 두면 평소에 자리도 차지하지 않고 자주 꺼내야 하는 물건들이 아니니 별로 불편하지도 않을 것 같았다. 바로 침대의 다리를 더 높게 이어 붙여 올리고, 그 아래 들어갈 큼직한 상자 네 개를 만들었다.

바닥에는 바퀴를 달아 쉽게 넣었다 뺐다 할 수 있게 해 주고, 위에는 안에 무엇이 들어있는지를 적어 넣었다. 침대만 한 크기의 수납공간이 생긴 사실이 신 났고 박스에 철 지난 이불과 카펫 등을 넣으며 또 신 났다. 하지만 다 만들어 침대 밑에 넣고 나서 깨달은 한가지 사실. 방이 작다 보니 수납 상자를 필요한 만큼 빼낼 공간이 우리 침실에는 없었다. 수납상자의 깊이를 침대의 2분의 1로 잡고 만들었는데 꺼내는 게 가능 하려면 깊이가 침대의 4분의 1 정도가 되어야 했다. 물건을 많이 넣을 수 있다는 생각에만 빠져 침대 밖으로 수납 상자를 꺼낼 수 있는지는 미처 계산하지 못한 실수였다.

안타깝긴 했지만 '자주 쓰는 것은 아니니 그냥 쓰자!!' 하고 계절이 바뀔 때마다 수납 상자를 하나씩 거실로 꺼내 뚜껑을 열고 이불을 교체하며 3년 정도 사용을 했다. 적당히 쓸 수는 있었지만 거실까지 꺼내는 게 불편해서 지금은 분해해서 작은 방 드레스 장을 만드는 재료로 재활용하였다.

우리는 약간의 실패를 경험했지만 침대 밑은 수납하기에 꽤 괜찮은 공간이다. 요즘은 시판 침대 중에도 하부에 서랍장을 달아서 나오는 침대도 많이 있고, 가볍게 넣다 뺐다 할 수 있는 정리함들도 많이 나온다. 침대 아래쪽으로 수납한 것들이 보이는 게 싫다면 베드 스커트를 내려 가려 주는 방법도 있다. 지나친 욕심만 내지 않는다면 침대 밑에 적당한 수납 활용이 가능하다.

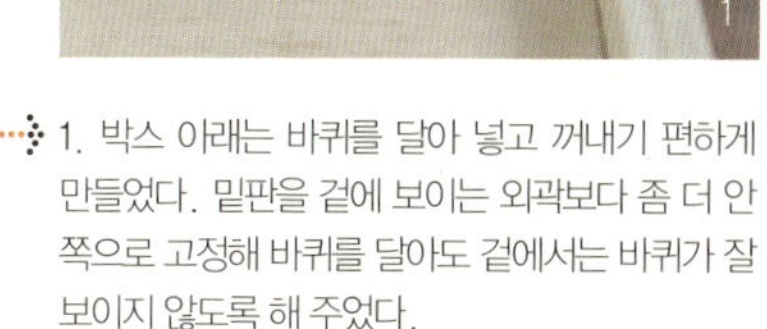

1. 박스 아래는 바퀴를 달아 넣고 꺼내기 편하게 만들었다. 밑판을 겉에 보이는 외곽보다 좀 더 안쪽으로 고정해 바퀴를 달아도 겉에서는 바퀴가 잘 보이지 않도록 해 주었다.

2. 침대 아래쪽에 생기는 공간에 큰 서랍을 만들어 넣었으나 작은 침실이다보니 침대와 벽, 다른 가구와의 거리가 침대 반 만큼 나와 주질 않았다. 아래 들어갈 수 있는 크기만 생각하지 말고 꼭 꺼낼 때 필요한 공간 크기까지 생각해 수납 상자의 크기를 정하는 게 필요하다.

기존 제품을 활용하는 방법

수납하고 싶은 물건에 따라 수납 도구를 뚜껑이 있는 상자 형태로 할 수도 있고, 오픈된 책꽂이 같은 느낌으로 할 수도 있다. 보이지 않게 넣어 두고 싶은 가벼운 옷, 양말 등의 수납이 필요하면 서랍 형태가 편하고, 침실에서 자주 읽는 책이나 음악 관련 도구들을 넣을 필요가 있다면 오픈된 책꽂이의 느낌이 좋다.

여러 개의 책꽂이를 활용해 수납 침대를 만들 수도 있다. 책꽂이를 침대 다리 역할을 할 수 있도록 사방으로 둘러 주고, 중간과 위쪽에 보강목을 몇 개 놓고 그 위에 두툼한 나무를 한 장 깔면 침대처럼 사용이 가능하다. 요를 두 개 정도 겹쳐 놓으면 매트리스 용도로 사용할 수 있다.

기존 침대가 막혀 있어 아래쪽으로 수납이 어려울 땐 침대 옆에 책꽂이를 붙여 사용하는 방법도 있다. 아이 방이나 원룸에서 사용할 싱글 침대에 잘 맞는 방법으로 기존 침대 옆쪽에 높이를 맞추어 책꽂이를 붙여 주면 수납 침대와 비슷한 효과를 낸다. 이런 경우 수납도 되지만 가볍게 필요한 물건들을 올려 두기도 좋고, 방석을 놓으면 친구들이 왔을 때 소파처럼 걸터앉을 수 있는 역할도 한다.

침대 밑 수납 상자

·ᐟ·

1. 침대 밑 수납장은 비교적 가격이 저렴한 미송 합판 12t를 사용하여 만들었다. 먼저 목공 본드와 전기 타카를 이용하여 사각형 모양의 틀을 만든다.

2. 안쪽에 꺾쇠를 이용하여 보강해 준다. 미송 합판 12t는 얇기 때문에 꺾쇠를 고정할 때 나사가 반대편으로 뚫고 나갈 수 있어서 나사의 길이를 잘 선택해야 한다.

3. 위쪽에 문짝을 고정해 줄 수 있도록 한쪽에 지지대를 연결한다.

4. 밑판을 아래쪽에 끼운다. 바퀴를 살짝 가려 주기 위해 밑판이 조금 안쪽으로 올라가게 위치를 잡아 준다.

5. 밑판의 위치를 잡아 준 후에는 작은 꺾쇠를 아래쪽에 연결하여 밑판을 보강해 준다.

6. 페인트칠을 한 후에 'H'경첩을 이용해서 문짝을 달아준다.

7. 뚜껑을 여닫을 수 있도록 고리형 명찰표를 달아 준다.

8. 스틸 느낌의 손잡이를 안쪽에 달아 준다.

9. 수납장을 쉽게 꺼낼 수 있도록 바닥에 작은 바퀴 4개를 달아 준다. 바퀴는 전체 높이 27mm를 사용했다.

작은 가구가
넓은 집을 만든다

작은 방이나 거실은 큰 가구가 부담스럽다. 남아 있는 공간은 많지 않은데 큼직한 녀석이 자리를 차지하는 하는 것도 그렇고, 생활할 때 동선이 불편해지기도 하고, 때로는 덩치 큰 가구 때문에 사용할 수 없는 사각지대가 생기기도 한다. 그럴 때는 소가구를 활용하면 공간을 사용하기도 좋고, 시야가 확보되어 좁아 보이지 않는 효과까지 얻을 수 있다.

침대를 사용하면서 잠들 때 보던 책을 놓거나, 휴대폰, 시계 등을 놓을 무언가가 필요해졌다. 대부분 협탁이라 불리는 서랍장 형식이 많이 나오는데 기본적으로 차지하는 공간이 있다 보니 옆쪽에 있는 옷걸이를 사용하기에 불편할 것 같았다. 물건은 올려놓지만 쉽게 옷을 걸고 꺼낼 수 있는 슬림한 형태의 수납을 구상하다 만든 것이 오픈형 스탠딩 선반이다.

이미 비슷한 느낌의 기성 제품들도 많이 나와 있는데 이런 모양의 가구는 개방감도 있고, 차지하는 공간이 많지 않아 침대와 옷걸이 사이 작은 공간을 활용할 수 있었다.

침실 한쪽 벽에 있는 옷걸이와 화장대, 서랍장 역시 다 작게 만들어진 소가구들이다. 배치할 수 있는 벽이 작다 보니 화장대와 서랍장을 작게 만들고, 남은 공간 크기에 맞춰 옷걸이를 만들었다.

실제 침실에서 보면 침대를 중심으로 작은 가구들이 주변에 옹기종기 모여 있는 분위기지만 별로 답답하다고 느껴지지 않는 걸 보면, 작은 공간을 보다 넓어 보이게 해 주는 효과는 소가구만 한 것이 없는 것 같다.

1. 침대와 같은 나무와 색감으로 만들어 세트 같아 보이는 스탠딩 선반. 위쪽은 작은 가족 사진, 중간에는 주로 침실에서 보는 책이나 다이어리, 휴대폰, 시계 등을 놓는다. 맨 아래쪽은 우리집 강아지 멍돌군의 자리이다.

2. 침실 한쪽 벽에 다 들어갈 수 있게 만든 작은 옷걸이와 화장대.

공간이 없을 땐
만들면 된다

**없는 공간을
늘려 주는
마법의 계단**

정리를 하다 보면 어디에도 보관하기 모호한 크기의 짐들이 있다. 한철 사용하는 대나무 돗자리나, 텐트, 전기 장판, 김치 담그기용 대야 등이 그렇고, 우리 집 같은 경우는 자투리 목재도 있다. 이런 처치 곤란한 물건들이 향하는 곳은 결국 베란다나 다용도실이 된다.

집 안에 두기 어려워 베란다로 내보냈지만, 베란다로 나갈 때마다 정리가 안 되고 이것저것 쌓여 있는 베란다를 보며 무언가 대책이 필요하다 생각됐다. 그러다 문득 바닥을 아예 높여 버리는 건 어떨까 하는 마음이 들었다. 데크재로 지저분한 베란다 바닥을 깨끗하게 정리하면서 동시에 자투리 나무나, 돗자리, 텐트처럼 길이가 길고 수납하기 어려운 것들을 다 집어 넣을 수 있는 공간. 수납형 베란다 데크에 관한 아이디어를 나누며 골치 아픈 물건들 집어넣을 생각에 우린 신이 났다.

데크는 바닥에서 30cm가량 높이 설치했고, 위쪽에 놓여지는 데크 부분은 문처럼 열 수 있도록 만들었다. 모든 부분이 다 열릴 필요는 없어 물건을 꺼내기 좋은 위치 4군데를 정해 열리게 했는데 어느 위치에 물건이 있어도 다 꺼내는 게 가능하다.

완성하고 나니 베란다 바닥만큼의 공간, 즉 높이 30cm, 폭 80cm, 길이 5m의 수납공간이 생겼다. 물건을 넣고 뺄 때마다 마치 비밀 장소를 여는 것 같은 즐거움이 있다. 정리 정돈을 잘하는 편은 아니라 물건 정리가 잘 되어 있진 않아서 보기 좋은 편은 아니지만 어찌 되었건 뚜껑만 덮어 놓으면 눈에 보이지 않으니 마음이 편하다.

이 수납형 베란다 데크는 우리 집에서 가장 많은 관심을 받은 공간이 아닐까 싶다. TV나 잡지 촬영 요청도 많았고, 베란다 관련한 인테리어 책을 내는 분들 사이에서도 소개 요청이 많았다. 이미 블로그를 보고 같은 형태로 베란다를 만든 분들도 있다. 대단히 예쁜 것이 아님에도 많은 관심을 받은 것을 보면 그만큼 집집마다 애매한 것을 수납할 공간이 없다는 반증이란 생각이 든다. 집이 작거나 크거나 수납은 언제나 숙제 같은 일이다.

PART 04

재미가 가득한
낡은 집

좋은 환경을 타고난 사람이 성공자의 자리에 안착하는 것보다, 많은 어려움을 이겨 내고 난관을 뚫고 일어선 사람이 많은 사람들에게 감동을 주듯, 집이 낡을수록 시공 후에 느끼는 변화는 더 감동적으로 다가온다.

셀프 인테리어를 하는 분들을 살펴보면, 대부분은 몇 가지 단계를 거치게 된다. 처음에는 간단한 재료를 이용해 하기 쉬워 보이는 방법부터 도전해 보고, 어느 정도 자신감이 붙으면 조금 복잡한 재료를 이용해 난이도가 있는 작업에 돌입하는 것이다. 초기에는 재료를 고를 때에도 '무조건 싼 거!'를 외치다가 경험이 쌓이면 내구성은 어떤지, 완성도는 어떤지, 건강에는 어떤지를 고려하게 되고, 예쁘고 오래 쓰려면 어느 정도의 값은 치러야 한다는 것을 알게 된다.

다양한 작업물들을 보면, 모두 모양도 다르고 재질도 다양해 보이지만, 결국 셀프 인테리어는 몇 개의 재료와 방법이 반복된다는 것도 알게 된다. 대부분의 사람들이 가장 쉽게 시도하는 것은 시트지이고, 그 다음은 페인트, 그 다음은 나무를 이용하는 방법인데 이것은 가구, 창문, 싱크대 등 대부분의 작업 과정이 비슷하다. 다만, 벽을 꾸밀 때에는 여기에서 좀 더 재료가 늘어나지만 다른 작업과 비슷하게 벽지, 페인트, 나무 붙이기가 가장 많이 사용된다.

어떤 디자인의 시트지를 쓰는지, 사용하는 페인트는 어떤 색깔인지, 어떤 나무를 어떤 모양으로 붙이는지에 따라 전체적인 분위기와 느낌이 모두 다르지만 기본 방법은 같으며 대부분 그 안에서 조금씩 변형될 뿐이니 크게 걱정하지 않아도 된다.

우리 집은 크기가 작아서 여건상 해 보지 못한 시공 방법들도 소개하면 좋을 것 같아 다른 분들이 많이 하는 방법을 함께 넣어 다양한 셀프 인테리어를 만날 수 있도록 배려했다.

WALL

집 안에서 가장 넓은 자리를 차지하는 것은 벽이다. 따라서 벽을 어떻게 꾸미는지에
따라 집 안의 분위기가 좌우된다.
우리나라 사람들은 '벽에는 당연히 벽지'라고 생각할 만큼 벽에는 벽지를 바르는 것이
일반적이지만, 벽지 외에도 벽을 꾸밀 수 있는 방법에는 여러 가지가 있다. 어떤 재료
를 사용하느냐에 따라 집 안의 느낌이 크게 달라지고 적당히 포인트를 주면 자신만의
개성을 드러낼 수도 있으니 다양한 벽 꾸밈 방법 중 원하는 분위기를 만들어 주는 작
업 방법을 선택해서 원하는 느낌의 집을 만들면 좋다.

Make

Make today

Hold fast to dreams
For when dreams go
Life is a barren field
Frozen with snow.

the best
day of your life

Hold fast to dreams
For if dreams die
Life is a broken-winged bird
That cannot fly.

저렴하면서 심플함이 돋보이는
: 핸디코트 회벽

우리 집 벽 대부분은 핸디코트를 바르고 페인팅을 했다. 처음 핸디코트에 관심을 가진 이유는 벽지에 비해 재료 값이 저렴해서였지만 벽에 바르기도 어렵지 않고, 완성된 벽도 마음에 들어 그 후 가장 좋아하는 벽 표현법이 되었다. 예전에는 회벽이라는 명칭으로 많이 불렸는데, 취향에 따라 다양한 모양을 내는 것이 가능하다. 또한, 시간이 지나 지루한 느낌이 들 때에는 페인트를 이용해 약간의 색상 변화만 주면 된다.

핸디코트를 벽에 사용할 때는 벽지를 떼어 내고 할 수도 있고, 벽지 위에 바를 수도 있는데 개인적으로는 벽지 위에 얇게 바르는 것을 추천하고 싶다. 그 집에 들어와서 살게 될 사람이 도배를 하고 싶어 하는 경우를 배려해야 하기 때문이다. 벽지 위에 핸디코트를 바르면 교체가 필요할 때 벽지와 같이 떼어낼 수 있으나 벽지를 제거한 시멘트 벽에 핸디코트를 발랐을 경우에는 그것을 평평하게 만들어야 도배를 할수 있는 상황이 되어 작업이 불편해질 수 있기 때문이다.

특징

건축 마감재로 사용되며 원래 이름은 퍼티Putty이다. 손으로 바르기 쉽다고 해서 핸디코트라고 불린다. 공해가 거의 없는 자연 물질로 이루어져 있고, VOC(휘발성 유기 화합물)가 낮아서 에코라이프 인증을 받았으며, 나무나 돌, 벽지 등 다양한 면에 사용할 수 있다.

종류

핸디코트는 종류가 아주 다양한 편인데 그중 일반적으로 많이 쓰는 것들은 기본 핸디코트, 방수 기능이 있는 워셔블 핸디코트, 결로가 생기는 부분에 발라서 곰팡이 방지를 해 주고 단열 성능을 갖는 결로 방지 핸디코트, 무게를 줄인 라이트 핸디코트가 있다. 기본 핸디코트의 경우 5kg에 6천 원 정도면 구입할 수 있다.

헤라는 강판쇠 헤라, 고무 헤라, 플라스틱 헤라와 넓게 바를 수 있는 흙손 타입이 있다. 사용감은 사람마다 다른 것이라 어느 것이 더 좋다고 이야기할 수 없지만 강판 쇠 헤라는 관리를 잘못하면 쉽게 녹이 생긴다는 단점이 있다.

강판쇠나, 고무, 플라스틱은 작은 면을 작업하기는 좋지만 집 전체를 시공할 때는 작업 속도가 많이 더뎌 우리는 스테인리스로 된 흙손을 쓰고 있다. 가격이 핸디코트 한 통(1만 원 정도)과 맞먹을 정도라서 이걸 꼭 사야 하나 고민했었지만 부식도 없고, 무엇보다 면이 넓어 바르는 속도가 빨라 사용하기 좋았고 튼튼하기도 해서 7년째 잘 사용하고 있다.

헤라 넓이에 따라 모양도 다르게 나오는데 좁을수록 모양이 작게 살고, 바르는 시간은 오래 걸리는 편이다. 평평하면서 약간의 질감만 살리고 싶은지, 작은 모양 느낌을 살리고 싶은지 고민한 후, 표현하고 싶은 벽 느낌에 따라 헤라의 넓이를 선택하는 것이 좋다.

사전 준비 및 주의점

1. 핸디코트가 마르고 페인팅을 해야 하니 미리 콘센트나 스위치 커버는 떼 놓거나 마스킹 테이프 또는 비닐이 붙은 커버링 테이프를 이용해 가려 준다.
2. 벽지 위에 퍼티를 바를 때는 떨어지거나 찢어진 벽지가 있는지 확인하고 그런 부분들을 지물용 본드나 파텍스PL50(다용도접착제) 등으로 잘 부착한 후 시작하는 것이 좋다. 핸디코트 자체에 수분이 조금 있어 벽지의 찢어진 부분이 일어날 수 있기 때문이다.
3. 벽에 이음새가 있거나 석고보드의 연결 부분이 갈라져 있는 경우에는 조인트 테이프를 붙인 후 그 자리부터 먼저 얇게 펴 발라 건조를 해 주고 전체를 바른다. 조인트 테이프는 뒤쪽의 균열이 핸디코트로 이어지지 않게 하는 역할을 한다.
4. 핸디코트를 벽지에 바르다 보면 경우에 따라 벽지가 젖어서 뜨는 것처럼 불룩해지기도 하는데 건조되면 원래 상태가 되니 긴장할 필요는 없다. 가루 날림이나 옷에 묻는 걸 방지하기 위해 핸디코트가 다 건조된 후 페인팅을 해 준다.

남은 재료 보관

사용하고 남은 것은 비닐을 다시 위에 덮고 아주 소량의 물을 뿌려 놓으면 언제라도 재사용이 가능하다. 얼게 되면 사용을 못하니 겨울철에는 추운 곳에 보관하면 안 된다. 온라인이나 조금 큰 페인트 가게에서 구매할 수 있다.

핸디코트 바르는 법

필요 도구   핸디코트, 헤라 또는 흙손, 조인트 테이프(화이바 또는 망사 테이프), 핸디코트를 덜어 쓸 판

1. 핸디코트를 잘 섞어 부드럽게 만들어 준 다음 손이나 도구를 이용해 발라 준다. 처음 뚜껑을 열면 뻑뻑해 보이지만 사용할 만큼씩 잘 섞어 주면 부드러워진다.

2. 약간의 물(5%)을 섞어 사용할 수도 있지만 개인적으로는 물 없이 그냥 잘 섞어 쓰는 쪽이 더 좋을 것 같다. 바를 때는 너무 두껍지 않게 얇게 발라 주는 것이 건조할 때 더 좋다.

···▷ 1. 손바닥만 한 헤라로 핸디코트를 바른 벽 모양. 헤라의 넓이만큼 모양의 느낌이 다르다.

2. 핸디코트를 넓고 얇게 펴바른 우리 집 거실. 자세히 보면 맨질한 하얀 벽과는 달리 심심하지 않은 질감이 드러난다.

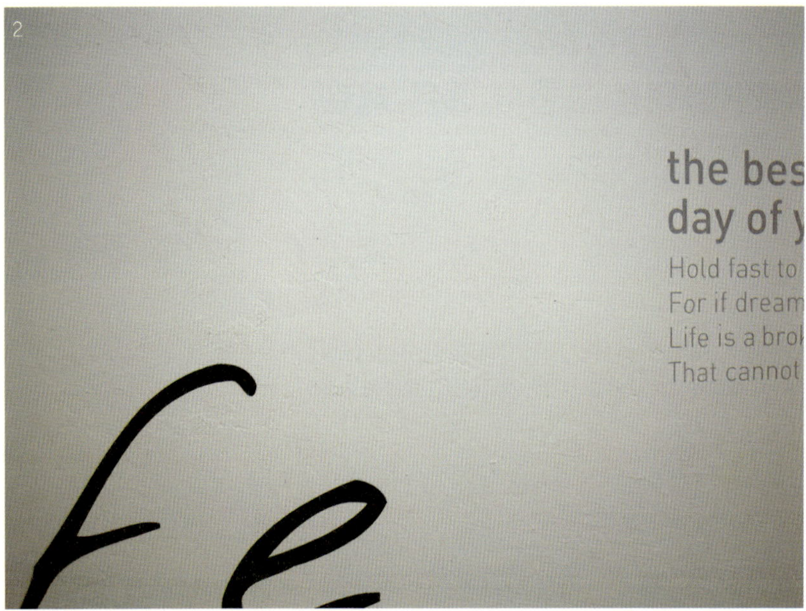

다양한 색감 표현이 좋은 재료
: 페인트

페인트는 다양한 색감이 매력적인 재료이다. 개인의 취향에 맞출 수 있을 만큼 많은 수의 색을 만들어 주는 것이 장점이면서, 그로 인해 고를 때 머리가 아프다는 게(?) 단점이다.

　대부분의 재료에 사용이 가능하다 보니 벽지 위에 그대로 깔끔하게 바를 수도 있고, 우리 집처럼 핸디코트를 살짝 발라 주고 페인트를 칠할 수도 있고, 나무 패널을 붙인 후 페인트를 칠할 수도 있다. 집 꾸밈, 리폼, DIY 모두 사용되니 손에 익혀 두면 평생 써먹을 일이 많은 것 중 하나이다.

일반적으로는 벽 전체를 단색으로 많이 칠하는데, 벽에 테이핑을 하고 몇 개의 색상을 이용하여 문양을 만들며 칠할 수도 있고 위 아래를 2단으로 나누어 서로 다른 색으로 칠하거나, 몰딩이나 패널을 함께 사용하면 페인트만 칠한 것과는 또 다른 느낌을 줄 수도 있다.

페인트는 크게 수성과 유성으로 나뉘는데 대부분의 가정에선 수성 페인트를 주로 사용한다. 페인트를 칠하기로 결정했다면 색상 외에도 정해야 할 것이 바로 용도와 광도이다. 페인트가 건조된 후 어느 정도의 광택이 나느냐를 가지고 예전엔 무광, 반광, 고광이라고 하여 3가지 정도로 나누었는데 필요가 다양해지면서 무광과 반광 사이에도 몇 가지 낮은 광도가 더 생겼다. (페인트 회사마다 광도를 부르는 명칭은 조금씩 다르다.)

기본적으로 광도가 높아질수록 오염에 강한 반면 번쩍거림이 있다고 보면 된다. 천장은 무광을 많이 칠하고, 벽은 벨벳이나 계란광을 많이 한다. 계란광은 계란 껍데기에서 느껴지는 정도의 광도로 둘 다 낮은 광도이지만 아이들 방은 아무래도 손때가 더 잘 타니 계란광 정도가 좋다. 방문이나 창문처럼 손이 많이 닿는 것은 광도를 조금 더 올린 반광 정도가 적당하다. 오염이 우려되는 상황일수록 광도를 높여 선택하면 된다.

용도는 페인트 회사가 판매할 때 대부분 벽용, 가구용 등으로 표기를 해 놓는 편이니 그것을 먼저 확인하는 것이 필수!!

일전에 중국에 살던 지인이 한국에 들어왔다가 블로그로만 보던 우리 집을 직접 보고 싶다면서 놀러온 적이 있다. 그런데 우리 침실을 보자마자 '어? 벽 색이 내가 생각했던 거랑 다르네.'라고 해서 한참 웃었던 기억이 있다.

페인트는 색상이 많아서 한 가지 색을 고르기 어렵기도 하지만 매장에서 컬러칩을 직접 보고 색을 골랐다고 해도 작은 크기의 컬러칩으로 본 색과 넓은 벽면에 발랐을 때의 느낌이 달라 당황할 때도 있다. 또한 조명에 따라 그 색이 다르게 느껴져서 카탈로그 사진을 보고 색을 골라도 생각했던 것과 다른 결과물이 나오기도 한다. 아무래도 매장이나 모니터로 보는 컬러칩은 색감이 더 밝게 보이는 경향이 있고, 넓은 벽면에 실제로 칠하게 되면 색이 좀 더 진하게 느껴진다.

　주문한 색감이 생각과 달라서 조색을 하고 싶다면 페인트에 아크릴 물감이나 조색제를 섞어서 약간의 변화를 줄 수 있다. 조색제 양은 조금씩 섞어 가며 색을 확인해야 하고, 같은 색을 똑같이 만들기는 사실상 불가능하기 때문에 사용할 페인트를 한 번에 다 조색하는 것이 좋다. 또한 너무 많이 조색을 하게 되면 페인트 품질이 떨어지니 기존 색에 약간의 색감을 추가하는 정도로만 사용하도록 한다.

　너무 많은 색상 가운데 무엇을 고를지 고민일 땐 페인트 회사마다 사람들이 가장 많이 사용하는 색상을 골라 놓은 색상표가 있으니 거기서 원하는 것에 가장 근접한 색을 찾아 사용하거나, 초보의 경우라면 화이트나 흐린 색감의 컬러를 기본으로 하고 일부만 특징 있는 색감을 써 보는 것도 페인트로 벽을 칠할 때 실수하지 않는 방법이다.

실내용 광도별 권장 용도　　　　　　　사용가능용도 : ☆　　권장용도 : ♥

	무광	벨벳	계란광	저광	반광
천장	♥	☆			
합지 / 실크 벽지	☆	♥	☆		
아이방 / 복도		♥	♥		
베란다(콘크리트 / 퍼티)			☆	♥	
주방 / 욕실(타일 / 가구)				☆	♥
문(틀) / 창문 / 몰딩				☆	♥
가구 / 싱크대				♥	♥

※ 본 가이드는 일반적인 권장 사항으로, 상황에 따라 결과물이 달라질 수 있습니다.

남은 재료와 도구 보관

붓

1. 세제를 약간 푼 물에 붓을 충분히 헹군다.

2. 깨끗한 물에 붓의 모 부분만 잠기게 3, 4시간 더 담가 준다.

3. 붓을 결 방향으로 쓸어 모아 처음 모양으로 잡아 준 후 말린다.

롤러 커버

1. 롤러에서 커버를 분리한 후 세제를 약간 푼 물에 충분히 빨아 준다.

2. 깨끗한 물에 3, 4시간 더 담가 준다.

3. 물을 털어 내고 말린다. (소가구 페인팅에 사용한 롤러 커버는 3, 4회 정도 사용이 가능
   하지만 벽면 등 넓은 면적에 사용한 롤러 커버는 1회 사용 후 교체하는 것이 좋다.)

트레이

1. 트레이에 물을 묻히고 비닐을 덮어 사용하면 관리가 편하다.

2. 그냥 트레이에 할 경우 거의 남김없이 썼다면 바로 물 세척을 하고, 조금 페인트가
   남았으면 페인트가 굳은 후 손으로 떼어 내는 것이 제일 좋다.

남은 페인트

페인트는 필요한 만큼씩 통에서 덜어서 쓰고, 남은 페인트는 뚜껑을 꼭 닫아 보관한
다. 수성 페인트는 얼면 사용할 수 없으니 겨울철엔 보관을 잘해야 한다.

사전 준비 및 주의점

1. 벽에 붙은 먼지나 이물질을 제거한다.

2. 페인트가 묻으면 안 되는 방문, 콘센트와 스위치, 벽 근처 바닥 등을 커버링 테이프
   나 마스킹 테이프로 꼼꼼히 가려 준다.

3. 옷을 뒤집어 입거나 작업복으로 바꿔 입는다.

4. 붓과 롤러는 사용 전 물에 한 번 적신다. 물기가 너무 많으면 페인트가 희석되니 스프
   레이로 뿌려 주거나 마른 수건으로 가볍게 물기를 제거하고 사용하면 좋다.

5. 페인팅은 2회 칠하는 것이 기본이다. 한 번 바르고 마르기를 기다리는 동안 페인트나
   붓, 롤러가 공기와 닿아 마르지 않도록 넣어 둘 지퍼백이나 비닐팩을 준비한다.

페인트칠하는 법

    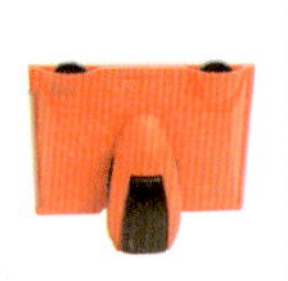

필요 도구   롤러, 트레이, 붓, 마스킹 테이프나 커버링 테이프, 핸드믹서, 실링에디져

붓보다 작업 속도가 훨씬 빨라지는 실링에디져. 매번 붓으로 모서리를 칠하다 작년에 처음 써 봤는데 시간과 힘을 많이 절약할 수 있었다. 처음부터 붓 대신 사용하면 편리함에 대한 체감도가 다를 수 있지만 붓으로 모서리를 칠해 본 사람들이라면 한결 편하다는 걸 느낄 수 있는 도구다. 6천 원 대에 구입할 수 있다.

페인트칠하기 전에 사전 작업하는 모습

1. 페인트를 핸드믹서로 바닥까지 잘 섞고 트레이에 적당량 덜어 준다.

2. 모서리, 콘센트 주변, 천장 아래 등 롤러로 칠하기 어려운 부분을 먼저 붓이나 실링에디져로 칠한다

3. 페인트가 담긴 트레이에 살짝 적신 롤러를 천천히 굴려 롤러에 페인트가 잘 묻게 하고, 과다하게 묻은 페인트 양을 조절하기 위해 트레이 상단에 롤러를 가볍게 굴려준다.

4. 벽에 대략 가로 세로 60cm정도의 면적에 'N' 모양을 칠한 후 잘 펴 바르면 비교적 고르게 페인팅이 가능하다. 많이 두껍게 바르는 것보다 얇고 고르게 2번 바르는 것이 깔끔하다.

\# 1차 페인트칠이 끝나면 도구들이 공기와 닿아 마르지 않게 지퍼백에 넣고 벽의 페인트가 잘 마르면 2차 도장에 들어간다. 마음이 바빠 페인트가 덜 마른 상태에서 두 번째 칠에 들어가면 오히려 칠해 놨던 페인트가 벗겨지기도 하니 꼭 페인트 통에 적혀 있는 건조 시간을 확인하고 시간 간격을 지켜 준다.

자연의 따스함을 주는
: 나무 패널

패널은 문이나 벽에 붙이는 긴 사각형의 목재를 말한다. MDF, 미송 합판, 삼나무를 쓰기도 하고, 루바처럼 벽 패널 용으로 만들어져 나온 것도 있다. 요즘 커피숍이나 의류 매장에서 많이 사용하는 벽 꾸밈 중 하나가 패널을 붙이는 것이다. 패널은 사용하는 재료의 종류나 패널의 폭, 두께, 붙이는 방향과 간격에 따라 느낌이 다 달라진다.

또한 도색을 할 때 페인트로 깔끔하게 발라 주면 똑 떨어지는 느낌, 약간 비치는 느낌으로 하면 컨트리한 느낌, 목재의 결을 그대로 보여 주며 색을 입히는 스테인으로 하면 정돈되고 더 감각적인 느낌이 든다. 그래서 내부 벽, 외부 벽, 문, 간판까지 참 다양하게 사용되고 있는 방법이다.

종류

MDF 패널은 MDF 그대로 나오는 무도색 패널과 겉에 필름지가 부착돼 페인팅이 필요 없는 랩핑 패널 두 가지가 있다. 무도색 패널의 경우는 젯소를 1, 2회 바른 후 페인팅을 해 줘야 색이 입혀지고 랩핑 패널은 그대로 부착만 하면 돼서 편하지만 필름지의 느낌이 나는 편이다.

미송 합판이나 삼목, 스프러스의 경우 페인트로 진하게 색을 입힐 수도 있고, 나무 느낌을 살리기 위해 스테인이나 워싱 페인트처럼 조금 투명도가 있게 칠할 수 있다. 삼나무나 미송 합판 패널을 사용할 때는 조금 더 두께가 있는 걸 사용하는 쪽이 패널의 느낌이 예쁘게 산다. 나무 두께가 너무 얇은 것(4.8mm)은 재료비가 적게 들어가는 장점이 있는 대신 잘 붙여 놔도 휘어지거나 떨어지는 경우가 많고, 패널 간의 경계 느낌이 적어 덜 예쁘다. 우리 집도 벽 일부에 4.8mm을 붙였는데 몇 년 지나 휘어지고 떨어진 것이 많았다. 초기 비용이 좀 들더라도 오래 쓰려면 9mm 이상이 좋다.

온라인 목재소에서 구매 가능하고, 동네 목재소에서도 공임을 주고 잘라 올 수 있다. 동네 목재소는 판(대략 1.2m×2.4m)으로만 구매가 가능한 대신 가격이 저렴하다. 그러나 배달은 불가능하고, 일직선으로 정교하게 커팅이 안 되는 곳들이 가끔 있다.

낡고 작은 집 인테리어

···> 4.8mm 두께의 미송 합판을 이용해 침대 헤드 부분과 창문 하단에 패널 벽을 붙여 준 침실.

　루바는 벽이나 천장 등에 붙이는 용도로 만들어져 나온 패널을 말한다. 뒤에 홈이 있고 나무끼리 끼워서 사용할 수 있어 나무의 수축 팽창 문제에서 조금 더 자유로울 수 있고, 더 안정적이며 깔끔하게 시공이 가능하다. 가공 과정이 더 있다 보니 미송 합판이나 삼나무 등을 그냥 잘라서 쓰는 패널보다 가격이 비싸다.

MDF

패널 미송 합판

루바

사전 준비 및 주의점

1. 붙이려는 벽면의 크기를 측정하고, 원하는 나무 종류와 두께, 패널의 폭을 정한 후 인근 목재소 또는 인터넷 목재소를 통해 재단한다.
2. 패널이나 루바 부착 시 접착제에 적혀 있는 건조 시간을 참고해 충분한 시간을 주고 완전 접착 후 페인팅을 한다.
3. 벽지가 벽에 잘 부착되어 있는 경우에는 패널을 벽지 위에 바로 붙이는 것도 가능하지만 최근 실크 벽지의 경우, 대부분 가장자리만 풀칠을 해서 벽지가 공중에 뜨게 시공되어 있다. 그러니 실크 벽지가 발라져 있다면 그것을 제거하고 난 후 패널을 부착해야 한다.
4. 합판은 환경호르몬의 문제가 있을 수 있으니 합판을 패널 재료로 사용할 경우에는 환기를 잘 시켜 줘야 한다.

나무 패널 붙이는 법

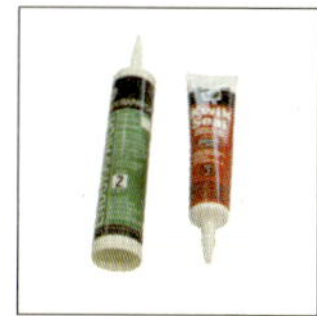 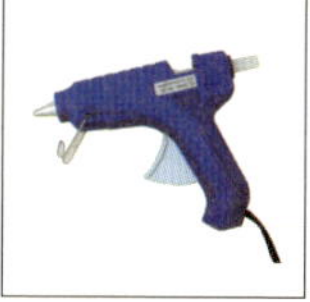

필요 도구   인테리어용 접착 본드 또는 무초산 실리콘, 핫멜트(글루건)

 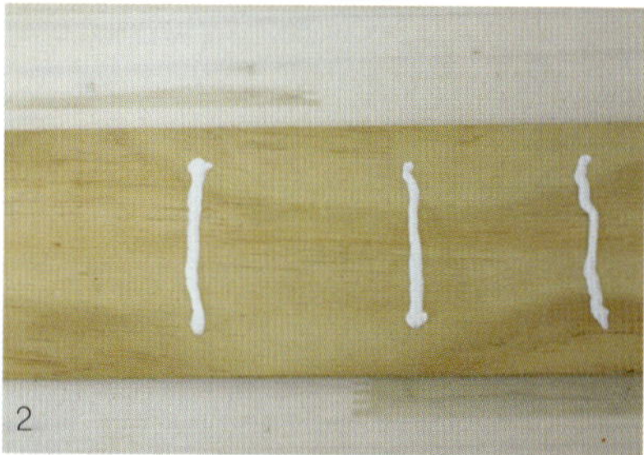

1. 먼저 패널을 어느 쪽부터 붙일 건지 벽에 대보고 대략적인 위치와 간격을 정한다.

2. 패널 양 옆 군데군데에 접착용 실리콘을 동전 크기만큼 짜 주거나 지그재그 느낌으로 뿌린다.

3. 상중하 세 군데 정도 양 옆에 빠른 속도로 글루건 방울을 찍고 바로 벽에 붙인다. 길이를 길게 붙일 때는 몇 군데 더 찍어 주기도 한다. 글루건이 건조될 때까지 움직이지 말고 잘 누르고 있어야 한다. 글루건은 임시 고정용이고 그 후 접착용 본드가 굳을 때까지 하루 정도 색은 칠하지 않는다.

4. 콘센트나 스위치 위치를 확인해 표시하고 그 부분을 큰 커터칼이나 톱을 이용해 잘라 준다. 그 다음에 걸레받이와 허리 몰딩을 대 주고, 접착제가 완전히 건조되면 원하는 방식으로 칠한다.

벽에 패널을 붙이는 다양한 방법

패널은 가로나 세로, 일렬이나 어긋나게 등 다양한 방법으로 붙이는 것이 가능하다.
그 중 가장 많이 사용하는 형태의 벽 모양과, 재료 비용을 줄이면서 패널의 느낌은 충
분히 살릴 수 있는 모양을 뽑아봤다. 패널 작업 시 참고가 될 듯하다.

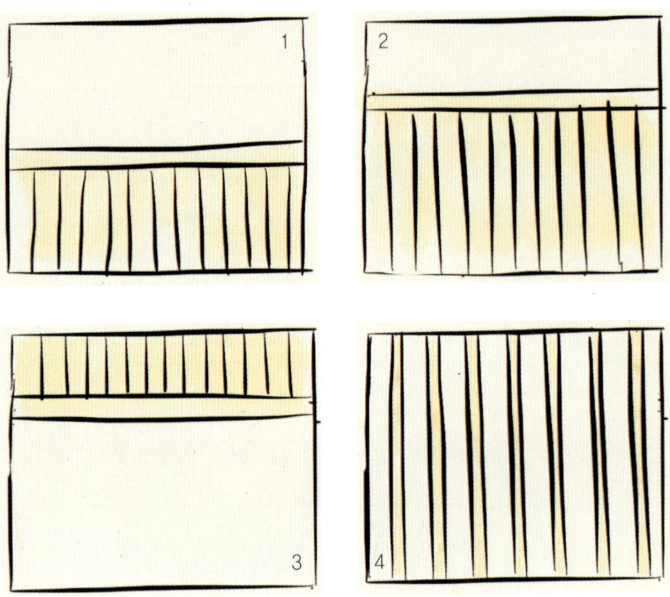

1. 벽의 5분의 2 정도 되는 하단에 패널을 붙이고 위는 벽지, 페인팅 등을 하는 방법.

2. 벽의 5분의 4 정도까지 패널을 붙이고 그 위쪽만 벽지, 페인팅을 하는 방법(인터넷으로 목재 주문 시 택배로 배
   송되는 한계 길이가 1.5m가량 되다 보니 허리 몰딩, 걸레받이까지 해서 최대한 길이로 올려 붙인다.)

3. 패널을 붙이고 싶지만 가격이 부담이 될 땐 위쪽에 짧게 붙이는 방식을 쓸 수 있다. 아래쪽을 벽지나 페인팅으
   로 마감하고 위쪽에 짧은 패널로 포인트를 주면 재료 비용을 많이 줄일 수 있다.

4. 패널 자체보다 벽에 볼륨감을 주고 싶다면 조금 도톰한 두께의 패널을 좁은 폭으로 해서 띄엄띄엄 붙여 주는
   것도 재미있다. 전체적으로 같은 색으로 페인팅을 하면 입체적인 벽이 되고, 좁은 폭으로 사용하기 때문에 비용
   도 많이 들지 않는다.

1. 좌우에 루바를 붙이고 가운데 에코스톤을 붙여준 블로거 미스티 님 집 거실. 벽지와 패널, 파벽돌과 패널, 핸디코트와 패널 등 다양한 소재와 함께 사용해 원하는 분위기를 꾸며줄 수 있다.

2. 우리 집 현관 입구 하단 벽에 붙인 미송 합판 패널. 미송 합판은 가격이 저렴한 대신 휨 현상이 심하다. 여유가 있다면 루바를 사용하는 것이 좋다. 현관 문은 패널 무늬 인테리어 필름을 붙인 건데 실제 나무를 붙인 것과는 차이가 있다.

고르는 재미가 있는
: 실크 벽지

우리 나라 사람들이 벽을 꾸밀 때 가장 손쉽게 찾는 재료는 벽지이다. 모양과 색, 재질과 가격대까지 모든 것이 다양해서 원하는 분위기를 만들 수 있으며 특유의 아늑함도 있다.

　게다가 요즘에는 벽지를 이용해 독특한 느낌을 내고 싶어 하는 사람들의 필요에 맞춰 노출 콘크리트 느낌의 벽지, 패널 문양 벽지, 파벽돌 문양 벽지 등도 나와 있으며 쉽게 부착이 가능하도록 뒷면에 접착제가 발라져 나온 점착식 벽지나 벽 한 면 전체를 그림이나 사진 등으로 선택할 수 있는 맞춤 벽지인 뮤럴 벽지 등도 있어 선택의 폭이 점점 넓어지고 있다.

벽지 종류는 크게 합지 벽지와 실크 벽지로 나눌 수 있다. 합지 벽지는 종이 두 장을 붙여서 엠보싱과 프린트를 거친 것으로 경제적인 가격이 장점이다. 종이로만 만들어 졌기 때문에 때가 잘 타는 편이고 물걸레로 닦을 수 없는 것이 단점이었는데 최근에 는 이런 부분들을 보강해 나오는 합지 벽지들도 있다. 겹쳐서 붙이는 방식이기 때문 에 셀프로 시공할 때에는 조금 수월하게 느껴지는 면이 있기는 하지만 그만큼 이음새 부분이 도드라져 깔끔해 보이지 않는다. 폭이 넓은 광폭과 좁은 소폭이 있는데 소폭 벽지의 경우 가격은 저렴하고 다루기가 편한 반면 이음새가 더 많이 생기게 되는 것 을 감안해야 한다.

실크 벽지(PVC벽지)는 종이의 겉에 PVC로 만든 얇은 비닐 막이 있는 벽지로 다양 한 패턴과 색상이 있으며, 때가 덜 타고, 오염이 돼도 물수건으로 닦는 것이 가능해 가 벼운 오염은 지울 수 있고, 겹쳐서 붙이지 않고 맞대서 붙이기 때문에 전체적으로 깔 끔한 느낌을 준다는 장점이 있다. 대신 가격이 좀 더 비싸고, PVC성분으로 인한 유해 물질 논란이 있기도 하다.

요즘은 유해 환경 요소에 대한 관심이 높아지며 친환경적인 측면을 강조한 천연 재 료 벽지들도 나온다. 편백 나무나 돌가루 등을 갈아 만든 벽지는 유해 성분이 적고, 산 림욕 효과가 있지만 패턴이 한정 되어 있고, 가격이 비싼 편이다.

1. 먼지를 제거하고, 기존에 붙어 있는 벽지가 무엇인지 확인한다. 기존 벽지가 합지 벽지일 경우에는 바로 위에 도배가 가능하고, 실크 벽지일 경우는 PVC로 이뤄진 겉면을 벗겨 낸 후 그 위에 도배를 해야 떨어지지 않는다.

2. 벽지가 없는 콘크리트 벽일 경우는 초배지가 필요하다. 합지 벽지는 갱지 같은 느 낌의 합지 벽지용 초배지를, 실크 벽지는 부직포를 초배지로 사용한다.

3. 벽 크기에 맞춰 원하는 벽지를 구매한다. 무늬가 있는 경우 무늬를 맞춰야 하는 것 도 염두에 두어 벽지 양을 정한다. 벽지는 같은 모델 번호의 벽지라도 생산일에 따 라서 색감 차이가 있다. 벽지가 더 필요할 경우도 있으니 너무 딱 맞추기보다는 조 금 여유 있게 준비한다.

4. 기존 벽면이 거칠거나 페인팅이 되어 있을 경우, 보다 강한 접착력을 원할 때는 도 배 풀에 지물용 본드(오공 본드242)를 20% 정도 첨가해 사용한다.

5. 도배지는 풀이 먹는 시간이 필요하다. 풀칠 후 바로 붙이면 접착력이 떨어지게 되므로 소폭 합지는 최소 10분, 실크나 장폭 합지는 20분 정도 풀이 먹을 수 있도록 한다. 소폭 합지는 풀을 묽게, 장폭 합지는 중간 정도, 실크 벽지는 좀 되게 한다. 가장자리는 특히 꼼꼼히 풀칠하고 실크 벽지의 경우 4번에서처럼 지물용 본드를 섞어 준다.

6. 실크 벽지의 경우 PVC소재로 공기가 잘 통하지 않다 보니 벽지가 처지거나 울 수 있어 부착할 때 위쪽에 도배 전용 실리콘을 사용해 붙여 주면 더 안전하다.

TIP 운용지

화선지와 비슷한 종이이다. 실크 벽지는 합지 벽지처럼 벽지의 겹쳐지는 부분이 없게 나오기 때문에 문양을 맞추면서 맞대어 붙여야 하는데 기술이 없을 땐 건조되면서 사이가 벌어지게 되는 경우가 많다. 운용지를 벽지와 벽지의 연결 부위 아래쪽에 붙여 주면 시공 후 벽지 사이가 벌어지는 것을 막아 준다. 이걸 초배지 대용으로 사용하기도 한다.

TIP 기존 벽지 확인법

기존에 붙어 있는 벽지가 무엇인지 눈으로 봐서 잘 모를 땐 모서리 부분을 손톱으로 긁어 겉에 프린트된 부분이 분리가 되면 실크 벽지이고, 그렇지 않으면 합지 벽지이다.

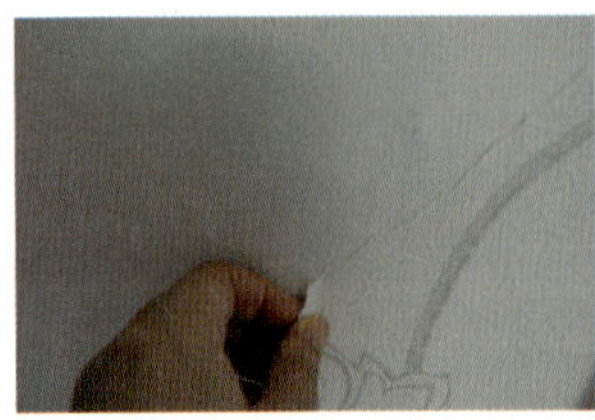 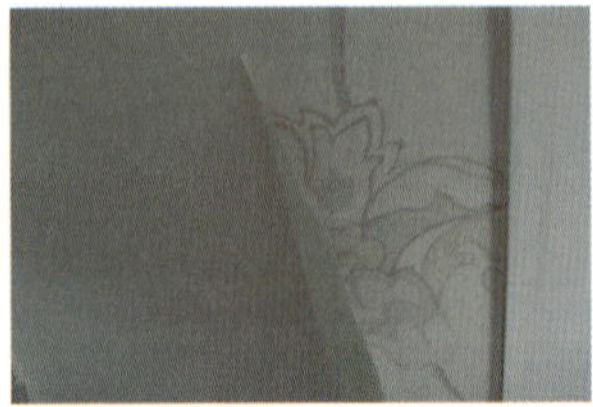

벽지는 벽보다 5cm 더 크게 재단한다. 특히 무늬 벽지를 재단할 때는 반드시 벽지의 무늬를 고려해서 재단해야 한다. 벽지는 풀칠을 한 후에는 마르지 않도록 위 아래에서 접어 둔다.

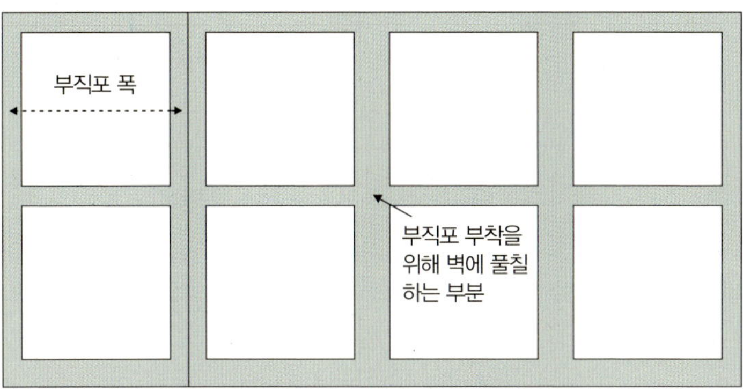

벽면에 초배지(부직포)를 바르는 위치

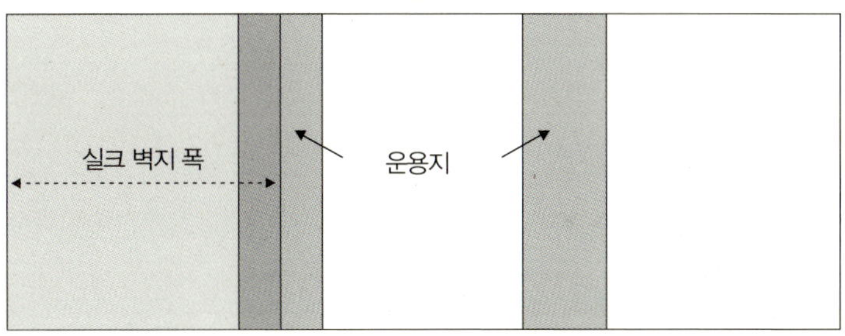

벽면에 초배지(부직포)를 바르는 위치

TIP 도배 시 콘센트 부분을 처리하는 요령

콘센트 부분은 커터 칼로 X자 모양을 낸 후에 콘센트 모양을 따라 잘라 주면 된다.

 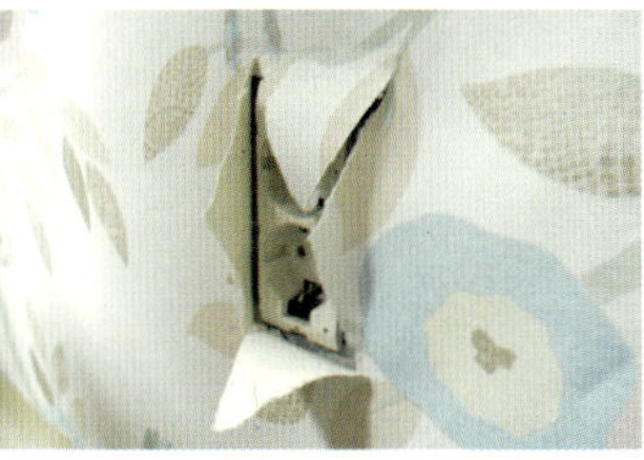

벽지 바르는 법

 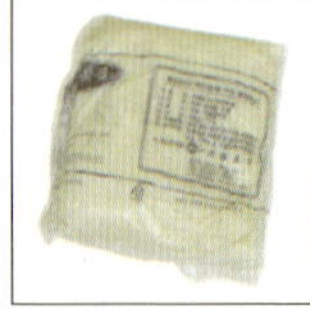   

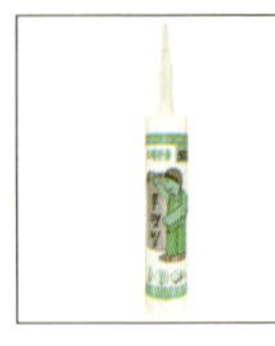 

필요 도구(실크 벽지 붙이기)　　초배지용 부직포, 도배 풀, 지물용 본드, 풀칠용 붓, 도배용 솔 또는 빗자루, 도배 전용 실리콘, 운용지(벽지 사이 벌어짐 방지), 깨끗한 걸레

1. 초배지(실크 벽지엔 부직포)를 길이보다 약간 짧게 재단한다.

2. 초배지를 부착할 지물용 본드를 물에 희석한다. 비율은 9(본드):1(물) 정도로 한다.

3. 초배지에 바르기보다는 벽에 바르는 것이 편했다. 부직포를 붙일 위치를 생각해서 위, 아래, 양옆 그리고 중간 부분쯤이 붙도록 붓으로 지물용 본드를 바른다.(사진 참조)

4. 초배지를 붙여 놓고 마르는 동안 도배에 사용할 벽지를 재단한다. 위아래 여유분을 주어야 하고, 무늬가 있는 경우 옆면 무늬를 맞추어 준비한다. 도배풀과 지물용 본드는 8:2 정도 비율로 섞어 적당한 정도의 질기에 맞추어 개어 놓는다.

5. 실크 벽지의 경우에는 겹치지 않고 맞대어 시공하기 때문에 연결 부위가 벌어지지 않도록 운용지를 붙여야 한다. 만들어 놓은 풀 일부에 물을 더 섞어서 벽지 연결 위치에 운용지를 먼저 붙여 준다.

6. 벽지에 풀을 바를 때는 가장자리에 꼼꼼히 바르도록 신경 쓰고, 양 끝을 풀칠한 가운데로 한 번 접은 후 다시 포개어 10분가량 풀을 먹인 후 부착한다. 붙일 위치를 잡아 깨끗한 수건이나 걸레로 위에서 아래로, 가운데서 가장자리로 밀면서 붙인다. 맨 윗부분은 도배용 실리콘을 발라 떨어지지 않도록 하고, 이음새 부분은 부드러운 롤러나 신용카드 등으로 쓸 듯이 살살 눌러 주면서 잘 부착되도록 한다.

위아래로 남는 벽지를 칼로 천천히 잘 잘라 내고, 몰딩이나 다른 곳에 묻은 풀을 물걸레로 깨끗이 닦아 낸다. 실크 벽지는 도배 직후 운 것처럼 보일 수 있으나 하루 정도 지나 완전히 마르면 팽팽해진다.

품격 있고 단정한 분위기를 원한다면
: 몰딩 활용 웨인스콧팅

웨인스콧팅은 품위 있고 우아한 분위기를 좋아하는 분들에게 잘 맞는 벽 꾸밈 방법이다. 아울러 장롱 등의 가구 리폼, 현관문이나 방문 리폼 때도 많이 사용된다. 벽에 사용할 때는 벽 전체를 꾸미기도 하고, 하단만 몰딩을 활용해 웨인스콧팅 작업을 한 후 위쪽은 페인팅이나 벽지를 붙이기도 한다. 돌출되는 몰딩의 느낌 때문에 작은 집보다는 공간에 여유가 있는 넓은 집에 잘 어울린다. 수평을 잘 맞추는 게 중요하고, 몰딩의 각을 맞춰 자르는 게 어려워 집 전체를 셀프로 하기는 조금 힘들 수 있지만, 인터넷 목재소에서 재단 서비스를 받을 수 있으니 거실이나 주방 벽 일부, 방 일부 벽면 정도에는 활용해 볼 만하다. 벽 꾸밈과 같은 방법으로 가구나 방문 리폼 방법도 알아 두면 활용도가 높다.

종류

목재 몰딩

나무로 만들어진 몰딩. 환경적이기는 하지만 수축 팽창의 변형 가능성이 있을 수 있다.

MDF 몰딩

MDF 소재로 만들어져 수축 팽창은 적은 편이다. 그냥 MDF로만 만들어져 나온 몰딩과, 겉에 인테리어 필름지를 부착해 나와 도색이 필요 없는 랩핑 몰딩, 페인팅이 편하도록 초벌 칠이 한 번 되어 있는 하도칠 몰딩 등이 있다.

플라스틱 몰딩

나무나 MDF와 달리 습도에 의한 변형이나 변질이 되지 않아 욕실에도 사용이 가능하다.

1. 몰딩을 붙일 위치와 간격을 정확히 계산해 벽면에 선으로 잘 표시하는 것이 중요하다. 수평과 수직이 잘 맞고, 정확한 간격이 맞아야 예쁘게 시공된다.
2. 웨인스코팅 시공에는 세 가지 정도의 방법이 있다.
    - 인테리어 필름을 벽에 붙이고 그 위에 같은 색 랩핑이 되어 있는 MDF 몰딩을 액자 모양으로 붙이는 법.
    - 벽지 위에 초벌 몰딩이나 MDF 몰딩을 액자 모양으로 붙이고 젯소와 페인트로 칠하는 법.
    - 벽에 얇은 판을 먼저 붙여 면을 평평하게 정리하고 그 위에 목공 본드를 이용해 몰딩을 붙여 젯소와 페인트로 칠하는 법.
3. 사용하려는 방법에 따라 적절한 재료를 주문하고 각도를 맞춰 자르는 게 어려우니 가능하면 재단 서비스를 통해 각도 절단을 받는 것이 좋다.

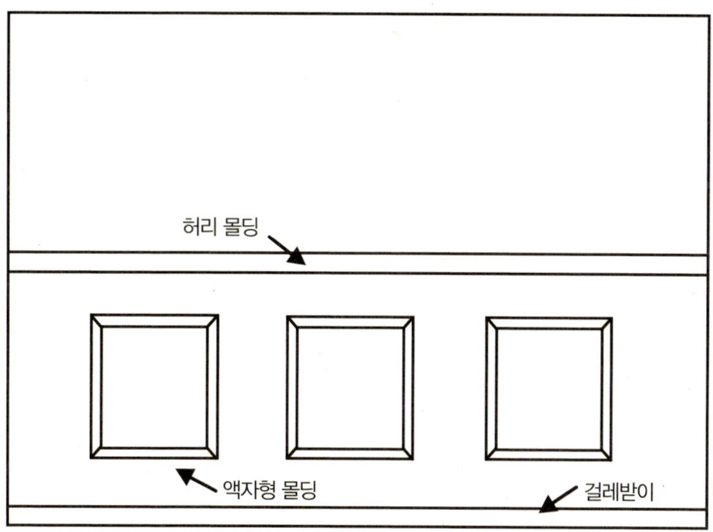

웨인스콧팅 시공 방법

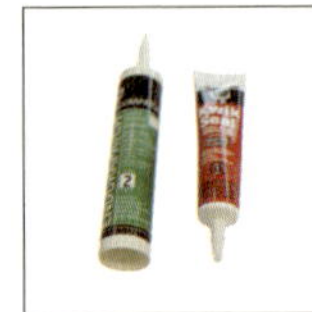   

필요 도구 접착제(파텍스PL60 또는 무초산 실리콘), 자, 연필, 각도 톱질대

G HI 님이 웨인스콧팅 작업으로 만든 벽. 흰색 랩핑 몰딩을 재단 주문해 한 군데씩 붙여 주었다.
http://blog.naver.com/thisisjh1

1. 바닥 면에 인테리어 필름이나 판을 붙여 정리하려고 할 때는 필름 붙이는 작업과, 합판이나 MDF판 붙이는 작업을 먼저 한다. 그 다음에 작업할 면에 가상 선을 정확히 스케치한다.

2. 액자형으로 재단 받은 몰딩 뒷면에 무초산 실리콘 또는 인테리어 접착제(나무끼리 붙일 땐 목공 본드 가능)를 여러 군데 찍어 주고 임시 고정용으로 초강력 양면 테이프를 몇 군데 붙여 준 후 가상 선을 따라 붙인다.

3. 몰딩과 벽 사이 빈 공간이 생긴 부분이 있으면 틈새를 메꿀 수 있는 메꾸미를 이용해 깔끔하게 메꾸고, 필요에 따라 걸레받이와 허리 몰딩을 2와 같은 방법으로 붙인다. (필름으로 바닥 작업을 하고, 랩핑된 몰딩을 붙일 경우에는 여기서 작업 완료.)

4. 원하는 색으로 칠한다.

전셋집이나 사무실에 활용하기 좋은
: 변형 패널 나무 벽

이 벽은 지인이 임대한 사무실에 해 준 벽 꾸밈으로 앞에서 소개한 접착제를 이용해 벽에 패널을 붙여 준 것과 달리 최대한 벽에 변형을 주지 않는 방식으로 꾸몄다. 벽에 구멍 몇 개를 뚫어 기둥을 세우고 그 위에 패널을 붙여 준 형태라 벽 훼손에 대한 문제에서도 자유로울 수 있고, 철거하게 돼도 나무를 재활용 하기 좋은 장점이 있다. 전셋집이나 임대 사무실, 가게 건물 외벽을 꾸밀 때 활용하기 좋은 벽 꾸밈이라 할 수 있다.

완전히 벽에 붙이는 것이 아니다 보니 두께가 좀 더 도톰한 패널로 작업하거나, 정사각형 느낌의 각재를 이용하면 정돈되고 깔끔한 느낌을 줄 수 있다. 사진에 보이는 벽 패널은 미송 합판이고 두께는 1.2cm짜리이다.

나무 벽 만드는 법

필요 도구　　길이에 맞춰 준비한 나무, 타카, 스테인 또는 페인트, 콘크리트 벽을

뚫을 수 있는 해머 기능이 있는 드릴

1. 고정할 수 있는 기둥처럼 나사를 이용해 나무를 박아 준다.

2. 그 위에 나무 패널을 대고 타카를 이용해 아래쪽 기둥에 고정한다. 이때 목공 본드와 소못을 중간 중간 써도 가
능하다.

3. 모두 고정이 되면 스테인이나 페인트를 이용해 원하는 색을 발라 준다.

나무에 색을 입히는 방법은 페인트와 스테인을 바르는 방법이 있는데 페인트는 나무 위를 덮어 색을 내는 것이라면 스테인은 나무로 색이 흡수(침투)되는 것이다. 완전히 색을 입혀 깔끔한 느낌을 주고 싶을 때에는 페인트를 쓰고, 나무 느낌을 살리고 싶을 때에는 스테인을 사용한다. 페인트 중에도 나뭇결이 보이도록 나오는 워싱 페인트라는 것이 있기는 하지만 스테인처럼 투명한 느낌으로 나뭇결을 살려 주지는 못한다. 스테인은 수성과 유성이 있는데 수성의 경우는 빨리 마르긴 하지만 나무에 바른 후 바니쉬로 한 번 더 마감을 해서 방수 처리를 해 줘야 하고 유성은 건조 시간은 더디지만 오일 계통이다 보니 어느 정도의 생활 방수 효과가 있다. 스테인은 붓이나 스펀지를 이용해 슥슥 펴 바르면 되기 때문에 페인트보다 작업 과정이 수월한 편이다.

오크와 월넛색 스테인을 섞어서 발라 준 패널 벽. 색감을 밝게 하면 자연스러운 느낌을 주고, 어둡게 칠하면 좀 더 차분하고 단정한 느낌을 줄 수 있다.

특별한 분위기를 만들어 주는
: 타일, 에코스톤, 파벽돌

타일

타일은 주로 주방과 욕실 벽을 꾸밀 때 많이 사용되는 재료이다. 요즘은 거실 바닥재로도 많이 사용되고 테이블 상판, 음식을 나르는 트레이에도 많이 사용한다. 타일은 때가 잘 타지 않고 쉽게 닦을 수 있다는 장점이 있는 반면 줄눈 관리는 쉽지 않다는 것이 단점이다. 타일이 작을수록 관리는 더 어렵다.

벽에 붙일 때는 수직 수평을 잘 맞추는 게 중요하니 못을 한 군데쯤 박고 추가 될 만한 것을 실에 달아 수직 기준선을 잡은 후 위치를 잡아 준다. 셀프 시공을 할 때 타일을 자르는 것이 어려워 모자이크 타일을 쓰는 경우도 있는데 30cm의 그물망에 작은 1cm타일이 같이 붙어 있는 모자이크 타일의 경우 길이에 맞게 잘라 쓰기는 편하지만 그만큼 줄눈이 많아져 음식물이 튀는 주방이나 식탁에 사용할 경우 시간이 지날수록 오염이 심해진다. 적용하려는 장소에 따라 줄눈 관리가 어떨지를 생각해 보고 크기를 고려하는 지혜가 필요하다.

모서리로 가면 타일을 잘라야 하는 부분이 생기는데 그라인더나 컷터기를 구매할 수도 있지만 타일 판매처에서 수수료를 받고 컷팅 서비스를 해 주는 곳도 있고, 공구 대여점에서는 소형 컷터기의 경우 하루 5천 원 정도에 대여를 해 주기도 한다.

낡고 작은 집 인테리어

COZY

타일 시공하는 법

 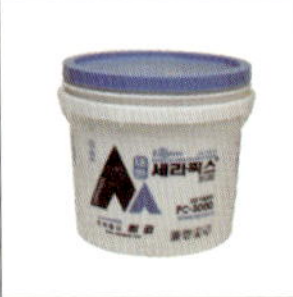  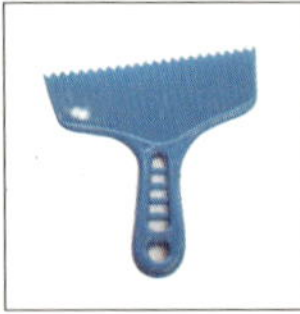 

필요 도구 타일, 타일용 본드(세라픽스, 바닥 시공 시 압착 시멘트), 타일 줄눈제(백시멘트), 톱니 모양 헤라(본드용), 고무 헤라(줄눈용)

TIP 타일 작업 시 주의점

1. 바닥 타일 작업 시에는 반드시 압착 시멘트를 사용해야 떨어지지 않는다. 시멘트와 물을 3:1비율로 반죽해 사용한다.

2. 줄눈을 닦아 낼 때 물기가 많은 수건이나 스펀지를 사용하면 줄눈의 강도가 떨어지고 틈새나 균열이 생길 수 있으니 물은 꼭 짜서 사용한다.

1. 타일 시공할 면을 깨끗이 청소한 후에 뾰족뾰족한 톱니 모양 헤라를 이용해 세라픽스를 바른다. 톱니 모양을 사용해야 중간에 공기가 들어가면서 접착이 잘 된다.

2. 타일을 정확한 위치에 붙인다. 벽면 작업 시에는 기준선을 정한 후에 그 지점부터 타일을 붙이고 바닥 작업시에는 고무 망치나 손으로 살살 두드리면서 붙인다.

3. 줄눈으로 사용할 시멘트는 백시멘트와 물을 치약 정도의 점도인 3(백시멘트):1(물) 비율로 반죽한다. 줄눈 작업은 타일이 어느 정도 고정된 후에 한다.

4. 고무 헤라를 사용하여 타일 사이 사이를 꼼꼼히 채운다. 고무 헤라가 없다면 고무 장갑을 낀 손으로 해도 무방하다.

5. 줄눈 시멘트가 마르기 전 물기를 꽉 짠 수건이나 스펀지를 물에 계속 빨아가면서 닦아 준다.

6. 타일이 완전히 고정될 때까지 건드리지 않는다. 최소 24시간 후에 사용하는 것이 좋다.
(주방 타일 작업한 사진이 없어서 아일랜드 식탁 타일 작업 사진으로 과정을 설명했지만 방법은 같다.)

에코스톤은 주재료인 천연 석재 가루에 산호석, 황토, 화산재, 질석을 첨가하여 습도 조절, 포름알데히드 저감 효과, 생활 악취 제거, 진드기 번식 억제 등의 기능을 가진 천연 내장재이다. 붙이기 전엔 강도가 약해 쉽게 깨질 수 있기 때문에 조심히 다루어야 하지만 실톱이나 칼로 절단이 가능하고, 무게가 가벼우며 실리콘으로 부착할 수 있는 데다 별도의 줄눈 작업도 필요 없어 시공이 간편하고, 작업 시간도 짧은 것이 강점이다.

사전 준비 및 주의점

에코스톤은 타일 본드(세라픽스)로 시공하지 않고 무초산 실리콘으로 시공한다. 에코스톤은 화산재 재료이기 때문에 수분을 함유하고 있어서 수성 계열 접착제인 타일 본드(세라픽스)로 시공할 경우 부착이 되지 않을 수 있어서 유성 계열 접착제인 무초산 실리콘을 사용하는 것이다.

에코스톤 시공하는 법

필요 도구   에코스톤, 무초산 실리콘, 매직톱(또는 커터 칼)

1. 필요한 에코스톤 수량을 계산하여 주문한다.   2. 모서리 쪽이나 귀퉁이에 필요한 모양을 연필로 표시한다.

3. 톱이나 커터 칼로 자른다.

4. 에코스톤 뒷면에 모서리 네 군데 정도 작은 동전만 한 모양으로 실리콘을 짜 준다. 부착할 벽이 울퉁불퉁할 경우에는 물결 모양으로 짜 준다.

5. 시공할 벽면에 에코스톤을 붙인다. 줄눈을 넣지 않기 때문에 에코스톤 사이에 간격을 주지 않고 붙인다.

6. 에코스톤을 붙인 완성된 주방 벽면.

파벽돌

파벽돌은 얇게 나온 마감용 벽돌을 말한다. 주로 벽에 붙여 모양을 내는데 사용되는데 주변을 어떻게 꾸미느냐에 따라 아늑하고 고풍스런 느낌을 줄 수도, 도회적이고 감각적인 느낌을 줄 수도 있다. 파벽돌을 붙이는 것 자체는 쉬운데 줄눈을 넣는 과정이 쉽지 않으며 가정 실내에 사용하는 것은 유해하다는 논란이 있다. 최근에는 파벽돌을 부착하는 수고를 줄이면서 비슷한 분위기를 낼 수 있게 나오는 모형 파벽돌인 이지 블럭, 폼브릭 등을 많이 사용하는 편이다.

사전 준비 및 주의점

1. 벽면의 오염 물질을 깨끗이 제거해 준다. 벽지가 붙어 있는 벽면에 파벽돌을 시공할 때는 벽지를 제거 후 부착한다.
2. 파벽돌을 어떻게 배열할지 대략적인 구상을 한다.
3. 반쪽짜리 파벽돌이 들어가야 할 부분을 계산해 반으로 절단해 놓는다. 쇠 헤라를 가운데에 대고 망치로 한 번 내리치면 절단된다.

파벽돌 시공하는 법

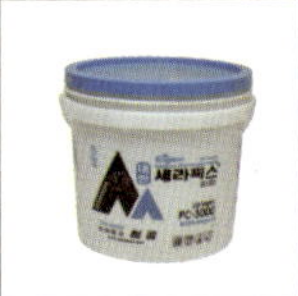

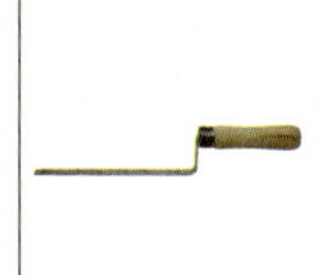

필요 도구　파벽돌, 세라픽스(접착제), 타일 줄눈제(백시멘트), 메지고대

1. 세라픽스를 파벽돌에 발라서 부착하거나, 벽에 세라픽스를 톱니헤라로 바르고 파벽돌을 부착한다.

2. 오른쪽이나 왼쪽에 세로로 간격을 맞춰 파벽돌을 부착하고 세로 간격에 맞춰 가로로 붙여 나간다.

3. 줄눈제는 찰흙 느낌 농도로 물과 섞어 준비하고 박스나 일자로 된 판에 줄눈제를 덜어 메지고대를 이용해 벽돌 사이로 밀어 넣는다.

4. 줄눈제가 약간 굳으면 메지고대를 이용해 살살 눌러 부드럽게 마무리한다.

그 외 사용할 수 있는 벽 꾸밈 방법
: 인테리어 스티커, 패브릭

인테리어 스티커

허전하게 보이는 벽을 채울 수 있도록 그림이나 글씨 등을 이용해 포인트를 줄 수 있게 나온 인테리어 스티커가 있다. 우리 집 거실 벽에도 인테리어 스티커를 붙였는데 간단히 부착하기만 하면 돼서 손쉽게 집 분위기를 바꿀 수 있는 장점이 있다.

손으로 자르기 어려운 작은 글씨들로 이루어진 시가 적힌 스티커도 나오는데 좁은 벽면이나, 유리 등에 활용하면 멋스러움을 준다.

패브릭 벽

직접 해 본 적은 없지만 인터넷의 인테리어 카페에서 재미있게 봤던 것이 있는데 바로 천을 벽에 붙이는 것이었다. 마음에 드는 천을 골라 벽 크기에 맞추어 재단을 하고, 딱풀을 바르거나, 시침 핀을 활용해 원래 있던 벽지에 고정하는 방식인데 기존 벽지에 손을 대기 어려운 자취방이나, 전셋집에 많이 활용하는 방법이다. 모든 벽을 다 하기보다는 포인트를 주고 싶은 벽을 하나 정도 정해서 하는 경우가 많다.

딱풀과 시침 핀으로 기존 벽지에 천을 부착하는 방식이라 쉽게 제거할 수 있고, 떼었다 붙여도 티가 나지 않아서 계절마다 다른 패브릭으로 교체하는 재미가 있다. 벽에 페인팅이나 도배를 하거나 나무를 붙이는 것이 어려운 분들은 포인트 벽으로 한 면 정도 시도해 봐도 재미있을 것 같다.

인테리어 스티커를 이용해 꾸며 준 벽.
시중에 다양한 종류가 나와 있으므로 원하는 대로 활용하기 편리하다.

낡고 작은 집 인테리어

Make today
Hold fast to dreams
For when dreams go
Life is a barren field
Frozen with snow.
the best
day of your life
Hold fast to dreams
For if dreams die
Life is a broken-winged bird
That cannot fly.

DOOR

본격적으로 셀프 인테리어를 시작하기 전에 그래도 우리 부부가 셀프 인테리어라고 부를 만한 작업을 한 것이 있다면 그것은 낡은 방문에 페인트칠을 한 것이다. 전셋집 계약을 하고 시부모님이 올라 오셨는데 전혀 손대지 않은 신혼집을 보신 아버님께서 방문을 칠해 주셨고 그때 곁눈질로 배운 후 그 다음 전셋집부터 방문 칠을 하고 살았다.

문을 손보는 방법은 접착식 인테리어 필름을 붙이거나, 페인트칠을 하거나, 나무 패널을 붙여 나무 문 느낌을 만들거나, 몰딩을 붙이고 페인트칠을 해서 단정하게 꾸며 주거나, 방문의 일부를 뚫어 유리를 끼워 주는 등의 방법이 있다.

방문, 현관문, 유리가 있는 알루미늄 문, 장롱 같은 큰 가구의 문까지 유사한 방법으로 손을 볼 수 있다.

인테리어 필름 붙이기

사전 준비 및 주의점

혼자서 하는 것보다 도와주는 사람이 있으면 훨씬 쉽고 예쁘게 필름을 붙일 수 있다.
또한 시트지를 문에 딱 맞게 자르는 것도 좋지만, 사방으로 1cm씩 여유 있게 재단해
서 붙인 후 잘라 내는 방법도 있다. 세제 거품은 분무기에 주방 세제 4, 5방울을 넣어
흔든 후 사용하면 좋다. 밀대는 인테리어 필름을 구입하면 대부분 서비스로 제공되
지만 없는 경우 딱딱하고 반듯한 짧은 자 같은 것을 사용할 수 있다.

나무 패널 문양의 인테리어 필름을 붙인 현관문. 전 국민이 다 한다고 해서 국민 현관이라는 별명이 붙기도 했었
다. 7년 전에 붙이고 아직도 잘 쓰고 있긴 하지만 약간씩 찢어지거나 떨어지는 곳이 생기는 중이다.

인테리어 필름(시트지) 붙이는 법

필요 도구   마음에 드는 인테리어 필름, 자, 칼, 밀대, 세제 거품.

 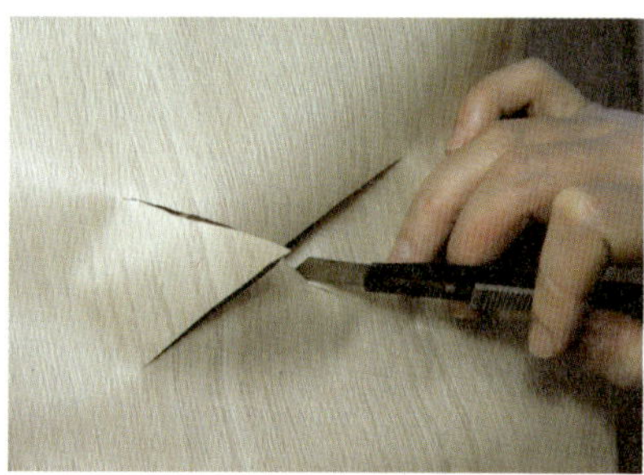

1. 문에 붙어 있는 스티커나 올록볼록 튀어나온 요철 부분을 정리하고 문을 한 번 닦아 준다.

2. 준비한 시트지를 문 크기에 맞춰 재단한다.

3. 부착 전 세제 거품을 문에 고르게 뿌린다. 한 번에 잘 붙이면 좋겠지만 그렇지 못한 경우가 많으니 세제 거품으로 일시적으로 접착력을 떨어뜨려 놓으면 시트지를 떼는 것이 가능해서 방향이나 위치를 다시 잡을 수 있다.

4. 뒤에 붙은 이형지를 맨 윗부분만 한두 뼘 정도만 떼서 위아래가 비뚤어지지 않게 위치를 잡아 준 후 가운데부터 밀대로 밀어서 붙이고 양옆으로 기포가 생기지 않도록 밀대로 밀어 주며 붙인다. 뒷면 이형지를 조금씩 떼면서 같은 방법으로 천천히 부착한다.

5. 손잡이나 도어락 부분은 잘라 내기 쉽도록 십자 모양으로 칼집을 내 주고 자나 밀대를 이용해 최대한 시트지를 밀착 시킨 다음 칼을 이용해 여분을 잘라 낸다.

6. 아래까지 다 부착한 후 밀대를 이용해 가운데에서 양옆으로 거품을 밀어내면서 최대한 기포가 생기지 않도록 부착한 후, 그래도 남는 기포는 칼이나 바늘같이 뾰족한 도구를 사용해 살짝 구멍을 내고 공기를 빼 준다.

페인트칠하기

사전 준비 및 주의점

젯소는 페인트가 잘 붙도록 도와주고 진한 색을 가려 주는 밑바탕(하도)색 역할을 한다. 코팅이 됐거나 미끄러운 면에 페인트를 칠하거나, 기존 색이 칠하려는 페인트보다 더 색이 진할 경우 2번 정도 칠해 줘야 한다. 외부에 노출되는 문의 경우에는 유성(에나멜)페인트를 사용하거나 수성 페인트 중 외부 사용이 가능한 것을 골라 사용한다.

오른쪽 페이지에 있는 사진은 알루미늄 문에 검정 페인트를 칠한 모습이다. 원래 그 문은 안이 다 보이는 구조였는데 왠지 껄끄럽고 무서웠다. 내부도 가리고 분위기도 바꿀 겸, 문에 유리용 반투명 시트지를 붙이고 새시는 검정 무광 페인트칠을 하기로 했다. 거기에서 끝나면 너무 밋밋할 것 같아 시트지를 이용해 단조 무늬를 잘라 넣었더니 한결 품격 있는 문이 되었다.

결과는 대성공! 처음 휑한 알루미늄 새시보다 훨씬 더 분위기 있고 사생활 보호도 해 주어서 아주 좋았다. 게다가 가격도 저렴해서 당시 페인트 값 6천 원, 반투명 시트지 4천 원, 검정색 시트지 3천 원을 지출한 것이 전부였다. 생각보다 쉽고 빠르게 리폼할 수 있어서 굉장히 만족스러웠다.

문에 페인트칠하는 법

필요 도구　페인트, 붓, 롤러, 커버링 테이프, 젯소(필요 시)

1. 문에 붙어 있는 스티커나 요철을 정리하고 깨끗이 한 번 닦고 건조시킨다.

2. 페인트가 묻으면 안 되는 곳(문 손잡이, 벽면 등)은 커버링 테이프를 붙여 보호한다.

3. 젯소가 필요한 경우 먼저 젯소를 2번 정도 칠하고 건조시킨 후 페인팅한다.

4. 젯소와 페인트를 칠할 때는 붓을 이용해 모서리나 손잡이 주변을 먼저 칠한다.

5. 롤러로 얇고 균일하게 넓은 면을 칠하고 완전 건조 후 재도장한다.

문에 나무 패널 붙이기

현관 문에 패널을 부착할 경우 겨울엔 너무 차가워 접착이 잘 되지 않으니 날이 따뜻한 계절에 작업하는 것을 추천한다.

문에 패널을 붙이는 다양한 방법

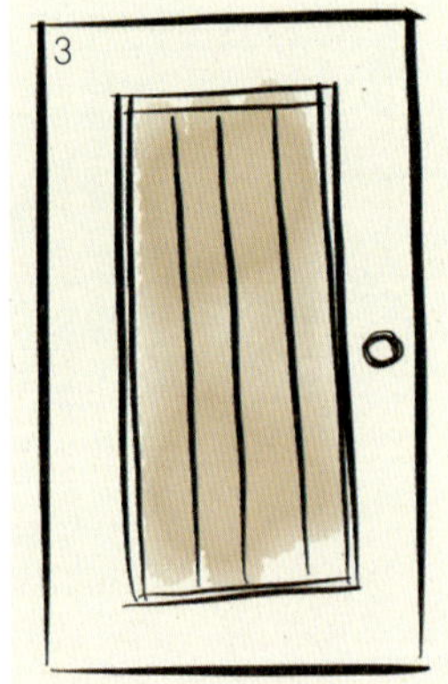

1. 현관문에 주로 많이 하는 패널문 형태. 스테인으로 색을 진하게 넣어 나무 문 느낌이 나도록 만드는 경우가 많다. 사선으로 붙여 주는 패널은 아래쪽에 붙인 패널이 휘어지는 것을 잡아 주는 역할을 한다.

2. 방문이나 현관문, 장롱 등에 활용하기 좋은 형태. 일자로 깔끔하게 붙이거나 가운데 가로로 하나 정도 패널을 지르기도 한다.

3. 손잡이 부분에 들어가는 패널을 동그랗게 잘라 내기 어려울 때 손잡이를 피해서 많이 하는 방법. 가장자리는 기존 문 그대로 두고 가운데 부분만 포인트로 패널을 붙이고 가장자리에 몰딩이나 조금 더 도톰한 졸대를 대준다. 들어가는 패널의 양이 적어 비용도 절감된다. 같은 색으로 칠하거나 가장자리 문 부분과 패널을 조금 다른 색으로 할 수도 있다.

낡고 작은 집 인테리어

문에 나무 패널을 붙이는 방법

 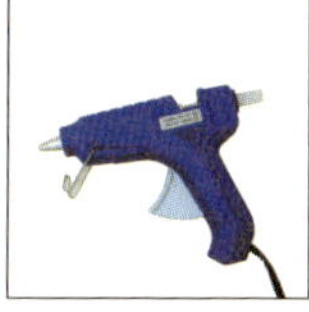 

필요 도구   무초산 실리콘, 글루건, 나무 패널

1. 방문 크기에 맞춰 나무를 재단하거나 주문하고, 방문에 패널을 대보고 손잡이 부분은 잘라 준비한다.

2. 나무 패널을 사포로 정리해서 거친 느낌을 제거해 준다.

3. 패널 뒷면에 세로 모양으로 실리콘을 몇 줄 그어 주거나 동전 모양으로 양옆으로 몇 군데 짜 준다.

4. 붙이기 직전 글루건을 몇 군데만 찍어 빠른 속도로 문에 붙인다. 실제 접착은 실리콘이 하지만 실리콘이 완전 건조될 때까지 글루건이 임시 고정 역할을 한다.

5. 원하는 형태로 문에 부착한다. 글루건이 고정될 때까지 움직이지 말고 잠시 그대로 눌러 주고 다음 패널을 부착한다.

문에 유리 넣기

문을 바꿔 달지 않으면서도 큰 변화를 줄 수 있는 방법은 나무 문에 작은 유리창을 만들어 주는 것이다. 화장실 문이나 방문 일부를 뚫어 유리를 끼우면 불빛을 통해 안에 사람이 있는 것을 확인할 수 있고 단조로운 문에 독특한 느낌을 줄 수도 있어 인테리어에 신경 쓴 패밀리 레스토랑이나 커피숍에서도 종종 볼 수 있다. 무늬 유리를 달면 빛을 통과하면서도 시선은 차단되는 효과를 줄 수 있다. 인터넷 인테리어 쇼핑몰에서 원하는 무늬의 유리를 고른 후에 원하는 사이즈로 주문을 하면 재단된 유리를 받을 수 있다.

사전 준비 및 주의점

1. 작업 전에 문을 떼어 놓고 하는 것이 편하다. 세워 놓고 자르면 흔들림이 심해 작업하기 어렵기 때문이다. 문 경첩의 나사를 풀어서 문을 먼저 떼어 놓는다.
2. 손잡이와 비슷한 높이로 나머지를 받칠 수 있는 책이나 나무토막들을 준비해 절단 시 흔들리지 않도록 고정한다.
3. 일반적으로 문은 각재 틀에 합판을 붙인 방식으로 제작되어 있기 때문에 속이 비어 있다. 따라서 문에 유리창을 넣을 부분을 잘라 낼 때에는 앞뒤를 따로 절단해야 한다. 직소기의 톱날 높이가 문 두께보다 길어 길이가 반대편에 닿으면 뒤쪽 절단이 제대로 되지 않으니 날 높이를 낮출 수 있는 적당한 높이의 각재(직소 날보다는 짧은 길이)를 댄 상태에서 그 위로 직소기를 사용하면 한쪽 면만 잘라 낼 수 있다.

낡고 작은 집 인테리어

문에 유리창을 내는 방법

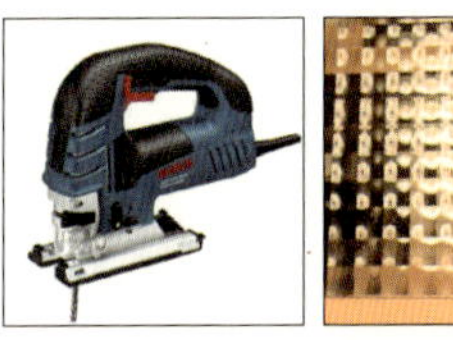

필요 도구   직소기, 유리

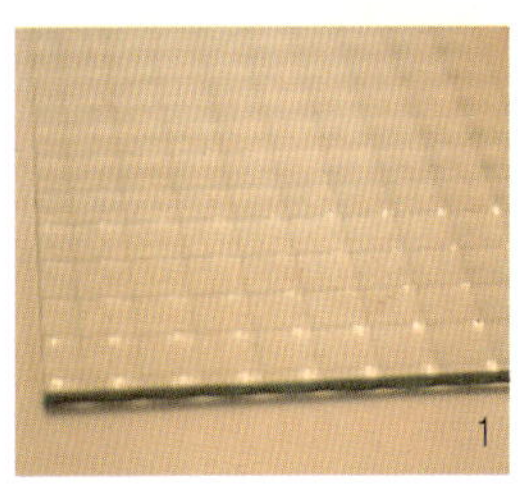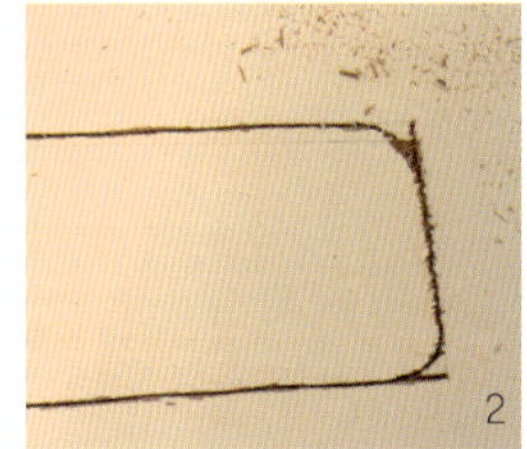

1. 원하는 유리를 선택해 주문한다.

2. 드릴로 직소 날이 들어갈 수 있도록 먼저 구멍을 낸 후에 직소기로 유리가 들어갈 부분을 대충 따 낸다.

3. 어느 정도 뚫은 후에는 안내선을 따라 정밀하게 직소기로 잘라 낸다.

4. 잘라 낸 단면이 비어 있기 때문에 각재를 이용해 위아래를 막아 준다.

5. 목공 본드와 타카(못, 나사)를 이용하여 유리 외곽 틀을 만든다.

6. 외곽 틀이 만들어지면 이번에는 안쪽 틀(뚫어 놓은 문으로 들어가 유리를 잡아 줄 부분)을 외곽 틀에 붙인다.

7. 완성된 틀을 문의 한쪽 면에 목공 본드와 타카로 고정한다.

8. 한쪽 틀을 끼운 문을 달아 놓고 유리를 끼운 후에 반대편 틀을 끼우고 고정한다. 유리는 실리콘을 이용해 흔들리지 않게 고정한다.

취향에 따라 유리를 끼운 틀을 먼저 만들어 문에 넣는 방법을 사용할 수도 있다.

가장 보편적인 방법
: 인테리어 필름, 페인팅

창틀의 색이 너무 지저분하거나 전체 인테리어를 해치는 것 같을 때 가장 보편적으로 할 수 있는 방법은 창틀에 페인트를 칠하거나 인테리어 필름을 이용해 붙이는 것이다. 전문가처럼 정교하게 붙이는 것은 힘들 수도 있지만 부족하게나마 셀프로 분위기를 바꿀 수는 있다. 구부러지는 부분에 인테리어 필름을 붙일 때에는 드라이어로 뜨거운 바람을 쐬어 주면 도움이 된다. 페인팅을 할 때에는 유리에 묻지 않도록 커버링 테이프를 이용해 잘 가려 주는 것이 중요하다.

유리창에 격자 무늬용 흰 테이프를 붙인 모습. 심심하던 창문에 약간의 생기가 돈다. 입체감이 있게 나오는 폼 형태의 붙이는 격자도 있는데 창 닦을 때의 편리성을 위해 납작한 테이프 형태를 부착했다.

인테리어 스티커로 멋 낸
: 스티커, 격자 창, 단조

페인팅이나 랩핑으로 창 주변을 정리해도 무언가 허전하고 아쉬울 때는 다양한 문양이나 문자의 스티커를 붙이거나 격자 무늬, 단조 무늬 등을 표현해 창에 멋을 낼 수 있다. 실제 단조나 격자를 넣은 창을 달 수도 있지만 저렴한 가격을 중점에 둔다면 스티커를 이용하는 게 비용도 적게 들면서 편하기도 하다.

큰 거실 창에는 그래픽 스티커를 많이 붙이는데 단조 무늬를 할 경우에는 스티커 형태 제품도 있으며 볼륨감이 있어 진짜 단조 창처럼 보이게 도와주는 포맥스나, 나무로 만들어진 단조 무늬 제품도 나와 있다.

비용을 좀 더 아끼고 싶다면 인테리어 필름이나 시트지에 다양한 문양을 직접 그리고 잘라서 붙여도 변화된 분위기를 연출할 수 있다.

검정색 시트지 뒷면에 단조 문양을 그린 후 칼로 잘라 유리 문에 붙인 모습. 자르는 과정에서 손이 가긴 하지만 적은 비용으로 나름 멋진 단조를 넣은 창 느낌을 낼 수 있었다. 좋아하는 글씨나 문양 등을 이용해 자신만의 느낌이 있는 창을 만들 수 있다.

WINDOW

창은 어떻게 보면 손볼 것이 별로 없어 보이기도 하지만 집을 예쁘게 단장하려고 마음을 먹은 후에 둘러 보면 걸림이 되는 부분 중에 하나이다. 크게 손을 대지 않으려면 커튼을 치거나 블라인드, 롤 스크린 등으로 가려 주는 방법이 있고, 창틀의 색이 너무 눈에 띄는 경우는 인테리어 필름을 활용해 랩핑을 하거나 페인트칠을 할 수 있다. 유리 자체에 글씨나 문양 등을 붙여 분위기를 바꿀 수도 있고, 기존 창 위에 나무를 덧대 나무 덧창을 만드는 방법도 있다. 방에 있는 창이나 거실 창, 베란다 창 모두 비슷한 방식으로 손을 볼 수 있으며, 거실이나 베란다의 창이 큰 경우 일부는 가벽처럼 고정된 형태의 창을 꾸며 주는 것도 운치가 있다.

기존 창 앞에 달아 주는
: 나무 덧창

우리 집은 앞에서 소개한 것처럼 나무로 창을 만들어 달았다. 1층이라는 단점을 가지고 있었기 때문에 바람이 통하면서도 외부 시야를 가리는 용도였지만 집 안 분위기를 바꾸는 데도 효과가 있었다. 기존 창은 그대로 두고 그 앞에 덧창으로 만들어 단 형태라 집을 원상 복구해 줘야 할 경우에도 분리해서 제거할 수 있다. 단, 창틀에 약간의 구멍은 생긴다.

갤러리 창은 밖에서 안쪽이 들여다보이지 않으면서도 통풍이 된다는 장점이 있다. 대신 살을 하나하나 고정하거나 틀에 끼워야 해서 작업 시간이 많이 들고 인내심이 필요하다. 살을 끼울 수 있게 나오는 창틀도 있는데 저렴한 비용으로 손을 보려던 우리는 모두 작은 못을 이용해 고정했다.

틀에 갤러리 살을 고정하고, 그 틀을 창의 틀에 끼워 창문을 완성하는 방식인데 이런 방법으로 갤러리 창을 만들 수도 있다는 것을 참고하여 활용하시기를.

사전 준비 및 주의점

갤러리 살은 폭 5cm, 두께 1cm 되는 몰딩을 잘라 사용했고 거실 갤러리 창을 만들 때는 페인팅을 했으며, 침실 창을 만들 때는 흰색 랩핑이 되어 있는 몰딩을 사용했다. 몰딩 뒤쪽에 일부 MDF판이 보이는 부분은 흰색 인테리어 필름을 잘라 붙여 살을 만들었다.

창틀에 사용한 2by4 나 2by2 각재는 목재 상태에 따라 심하게 휘어 갤러리 창을 만드는 적합한 용도가 아닌 걸 알고 있었지만 비용을 줄이기 위해 사용했고 현재 창틀 중 하나가 많이 휘어 있는 상태다. 집성목이나 구조재를 사용하는 쪽이 좋다.

덧창 만드는 방법

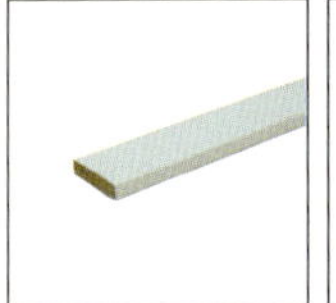    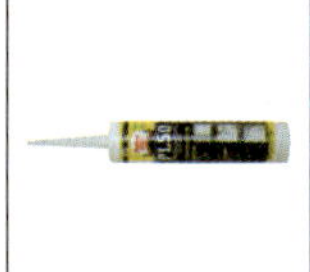

필요 도구　랩핑 몰딩, 드릴, 2by4 각재, 2by2 각재, 인테리어 접착제

1. 몰딩 한 쪽에 갤러리 살을 고정할 구멍을 2개씩 뚫어 준다. 창살의 각도를 생각해 사선으로 일정하게 뚫는다

2. 못을 이용해 창살을 고정할 틀을 먼저 만든다.

3. 갤러리 살로 쓸 흰색 몰딩을 적당한 크기로 잘라 준비한다. 몰딩 뒤 MDF 노출 부분은 인테리어 필름을 잘라 붙이면 된다.

4. 못을 이용하여 갤러리 살을 고정 틀에 연결한다. 인테리어 접착제를 약간씩 함께 쓰면 더 고정이 잘 된다.

5. 2by4 각재로 창틀을 만든다.

6. 갤러리 살이 연결된 고정 틀을 인테리어 접착제를 조금씩 발라 끼우고 못 4개로 추가 고정한다. 이때, 안쪽에서 창틀 쪽으로 대각선 방향으로 고정한다.

7. 2by2 각재로 격자 창을 만든다. 맞물리는 곳에 반 정도 홈을 파서 서로 끼워질 수 있게 한다.

8. 2by4 각재로 외곽 창틀을 만들고 새시 틀 위에 외곽 틀을 고정한다.

9. 경첩을 이용하여 갤러리 창과 격자 창을 외곽 틀에 연결한다.

시야를 가려 주는
: 가벽형 목창

거실이나 베란다에는 큰 창이 있다. 그냥 커튼이나 버티컬 등을 이용해 창을 가려 주기도 하고, 그냥 트이게 둘 수도 있지만 조금 더 아늑한 느낌을 원한다면 창의 2분의 1이나 3분의 1 정도에 가벽 형태의 고정된 창을 만들어 줄 수 있다. 거실 창에 가벽형 목창을 만들면 창을 등지고 가구 배치도 가능해지고, 베란다에 가벽형 목창을 만들면 전원주택 같은 운치가 생긴다. 우리 집 거실은 크기도 작고 작은 창이 두 개라 가벽형 목창이 필요한 상황은 아니었기에 베란다에만 목창을 만들었다.

　30평대 정도의 집이라면 우리가 베란다에 한 작업 방법을 참고해서 거실 창에 가벽을 만들면 한결 더 아늑한 거실을 완성할 수 있을 것이다.

사전 준비 및 주의점

목창의 기둥은 폭을 최소 10cm 정도로 만들어야 보기에 좋다. 저렴한 비용으로 목창을 만들기 위해 우리는 2by4 각재 2개를 좌우로 간격을 띄워 주고 원하는 간격 만큼 각재를 잘라 사이에 넣어 고정해 준 후 비어 있는 앞뒷면에 미송 합판 4.5t를 덮어 굵은 기둥 모양을 만들어 주었다. 각재 4개를 연결해 기둥을 만들면 더 튼튼할 것이다.

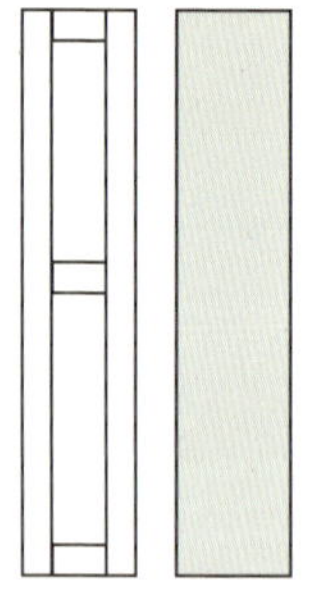

⋯▶ 거실 창 앞에 만드는 가벽 모습. 출입구가 되는 오른쪽 유리 문을 제외한 나머지 부분에 나무로 틀을 짜 하단은 패널로 막고, 중간은 선반처럼 나오게 만들어 화분이나 소품을 올려 두고, 위쪽만 유리창이 보이게 두는 형태로 만들 수 있다. 위쪽은 밸런스 커튼이나 장식 용품으로 꾸며 주기도 한다.

목창 만드는 방법

 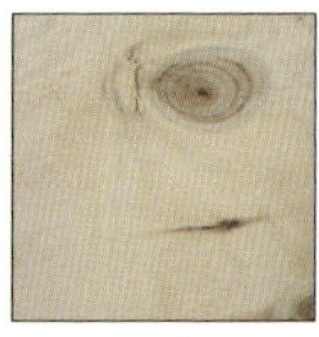 

필요 도구　2by4 각재, 미송 합판, 목공 본드

1. 원하는 창의 형태에 맞춰 2by4 각재로 기본 틀을 만든다. 우리는 하단 3분의 1을 막고 그 위로 장구 커튼을 넣을 수 있는 형태로 틀을 만들었다. 옛날 집들은 벽 길이나 바닥 고르기 형태가 다른 경우가 많으니 세울 위치에 맞춰가며 틀을 만든다.

2. 기둥이 될 부분은 각재를 연결해 굵은 기둥 형태로 만들어 틀과 연결한다.

3. 기둥의 각재와 각재 사이 빈 부분에 미송 합판을 붙여 기둥을 완성하고 샌딩을 한다.

4. 아래쪽 앞뒤로 미송 패널을 붙여 막아 준다.

5. 2by4 각재를 가운데 틀에 덧붙여 주어 화분을 올려 놓을 수 있는 선반을 만든다.

SINK

마음으로는 싱크대 속까지 싹 다 바꾸어 버리고 싶지만 싱크대를 전체 교체하는 것은 쉬운 일이 아니다. 이때는 겉문만 살짝 손을 봐도 전혀 다른 느낌으로 변신이 가능하다. 싱크대 손보는 방법은 인테리어 필름을 이용해 리폼을 하거나 다양한 색감의 페인트를 이용하거나, 약간의 나무를 겉에 붙여 주는 방법 등이 있는데 나무를 붙여 줄 때에는 몰딩 느낌으로 가장자리에 나무를 덧대거나 전체적으로 얇은 패널을 문에 붙여 페인팅하는 방법이 있다.

개인적으로는 필름보다는 페인트칠을 하는 것이 조금 더 완성도가 있다고 느껴진다.

BATHROOM

욕실은 물이 배출되는 각을 생각해야 하고, 방수 처리 문제도 있어 전문가의 손을 빌려 공사를 맡기는 것이 가장 좋지만 말처럼 쉬운 일은 아니다. 그렇지만 변화를 주고 싶은 사람들을 위한 방법이 없는 것도 아니다.

우리 집 욕실은 플라스틱 벽체로 이루어진 UBR이지만 대다수 집의 욕실이 타일 욕실이기 때문에 그런 욕실을 직접 셀프 인테리어로 바꿔 준 블로거 미스티 님과 오리부리 님 이야기를 빌려 왔다. 미스티 님 욕실은 간단한 도구들을 이용하여 경제적으로 손본 스타일이고, 오리부리 님 욕실은 제대로 공들여 손을 본 스타일이다. 우리 부부가 직접 작업한 것이 아니라 설명이 상세하지는 않지만 셀프 인테리어로도 이렇게 욕실을 고칠 수 있다는 것을 보여 드리고 싶어서 부탁을 해 지면에 싣게 됐다.

페인팅만으로도
: 변신하는 싱크대

사전 준비 및 주의점

문 가장자리에 다른 목재가 붙으면 두께가 두꺼워지기 때문에 기존 문 크기에 똑같이 맞춰 그대로 붙이면 여닫는 것이 잘 되지 않으니 목재를 덧댈 때 경첩이 달려 있는 쪽은 기존 문에 똑같이 맞추지 말고 안쪽으로 조금 들여서 붙여 준다.

아래 두 사진은 블로거 미스티 님의 주방이다. 왼쪽 사진을 보면 상부장과 하부장의 색을 다르게 해 안정감을 주면서도 특별한 매력을 느낄 수 있다. 일반적인 UV코팅의 민자 싱크대에 MDF를 붙여 모양을 내 주고 상부장은 흰색으로, 하부장은 연푸른 빛의 페인트를 칠해 리폼했는데 전혀 다른 싱크대가 되었다.

오랜 시간 사용하다 최근 좀 더 진한 색감으로 재리폼을 한 것이 아래 오른쪽 사진이다. 이번에는 하부장을 좀 더 진하고 어두운 브라운 계열로 칠했는데 옆벽의 코랄색과 색감이 잘 어울려 또 다른 느낌의 주방이 되었다. 이처럼 싱크대 리폼은 문의 색감과 약간의 형태 변화만으로 큰 변화를 만들 수 있다.

일반적인 페인트 점에서는 만들 수 있는 색상이 한정되어 있어 원하는 것을 얻기 어려운 면이 있으니 좀 더 원하는 것에 가까운 색상을 칠하고 싶을 때는 인터넷이나 다양한 색을 조색해서 판매하는 페인트 전문점 방문을 추천한다.

싱크대 문 리폼하는 법

 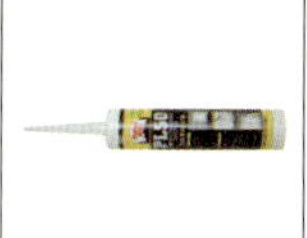   

필요 도구   싱크대 문에 맞춰 재단한 MDF, 인테리어 접착제(PL50, 무초산 실리콘), 타카(또는 글루건), 드릴

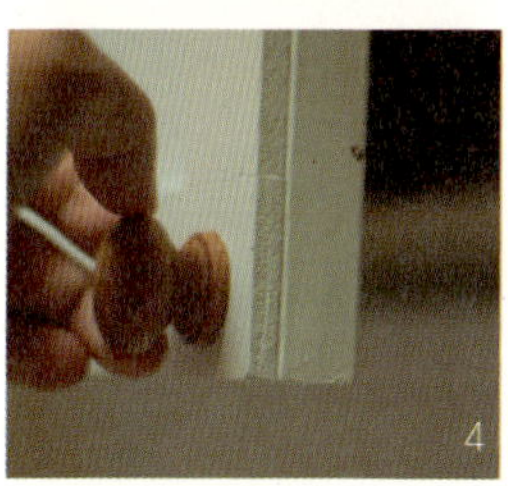

1. 가장자리에 붙일 MDF나 미송 합판, 기타 목재를 재단해 준비한다.

2. 싱크대에 붙은 이물질을 깨끗이 제거하고 인테리어 접착제를 이용해 싱크대 문 가장자리에 재단한 나무를 붙여 주고 타카로 몇 군데 고정한다. 타카가 없을 땐 글루건을 몇 방울 찍어 빠른 속도로 붙여 준다.

3. 본드가 충분히 건조되고 난 후 젯소를 2회 정도 칠하고, 젯소가 건조된 후 원하는 색감의 페인트를 얇고 균일하게 2회 칠해 준다. 페인트는 물에 강한 것으로 사용한다.

4. 드릴로 손잡이 구멍을 뚫고 손잡이를 달아 준다.

산토리니 느낌으로 꾸민
: 미스티 님 욕실

욕실 페인트, 워셔블 핸디코트, 약간의 타일 덧방을 기본으로 해서 손본 욕실이다. 이전에 타일 위에 적용할 적당한 페인트가 없던 시절 위쪽에 방수 기능이 있는 워셔블 핸디코트를 바르고 페인팅을 해서 사용하다가 최근 욕실과 타일에 적용 가능한 페인트들이 몇 가지 나오며 조금 더 손을 봤다.

바닥은 방수와 미끄럼 방지 효과가 있는 마감재를 칠해 건식으로 사용 중이다. 욕조 위에는 집에서 직접 설치가 가능하게 나온 DIY용 샤워 부스를 설치해 씻는 공간과 화장실 공간을 분리했다.

욕조는 욕실 코팅제를 이용해 색을 바꿔 주었는데 욕조 코팅은 셀프로 하기에는 무리였다는 게 그녀가 내린 결론이다. 물이 많이 닿다 보니 벗겨짐이 생겼다고 한다.

욕조의 위와 안은 셀프 인테리어로 바꾸기 어렵지만 정면에서 보이는 욕조 부분은 어느 정도 커버가 가능하다. 우리 집 욕조도 앞부분 페인팅은 7년째 별 문제 없이 사용 중이다. 철 수세미로 벅벅 닦는 청소는 어렵겠지만 실생활에서 별 불편 없이 사용할 수 있다.

단 물기를 잘 말려 건조된 상태에서 작업을 하고, 완전 건조될 때까지는 사용을 자제하는 것이 중요하다.

Before

⋯❖ 1. 부담스럽게 붙어 있던 낡은 사방 거울을 떼어 내고 욕실 벽을 나누어 위쪽은 방수 기능이 있는 워셔블 핸디코트를 바른 후 페인팅을 하고, 아래쪽 벽과 욕조는 모자이크 타일을 덧붙였다.
욕조 밖의 벽면은 푸른 빛의 페인트로 마감하고, 욕실 문은 산토리니풍의 파란색으로 페인팅했다.

2. DIY 샤워 부스를 설치하고, 수납 선반을 놓았다. 입욕하는 사람에게는 온도 유지가 되고 시선도 가려 주어 가족 중 누군가 입욕을 하고 있어도 필요 시 세면대 등을 사용할 수 있는 장점이 있다.

⋯❖ 3. 욕조 앞면에 모자이크 타일을 붙이는 모습. 톱니 모양 헤라로 세라픽스를 바르고, 타일을 부착한 후 줄눈을 넣어 준다. 줄눈이 건조되면 방수를 위해 바니쉬를 발라 주기도 한다.

4. 가정에서 직접 설치가 가능한 DIY용 샤워 부스. 욕조 위에 설치하는 형태와 욕조 없는 곳에 설치하는 형태가 있다.

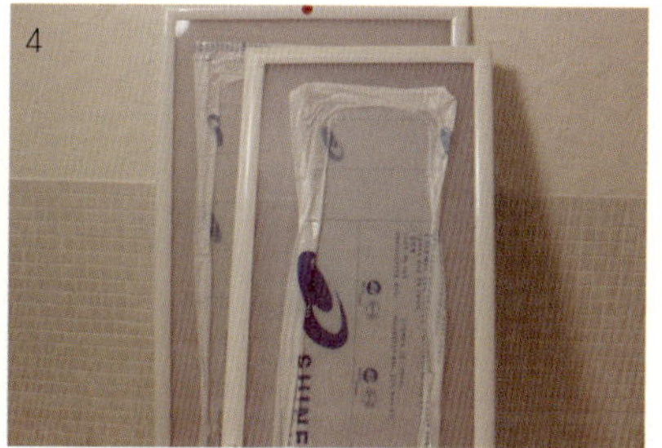

화이트와 내추럴한 원목 느낌을 살린
: 오리부리 님 욕실

욕조를 철거한 후 바닥 시멘트 공사와 방수 처리, 변기와 세면대 교체, 세면 받침대 제작, 벽과 바닥 타일 교체까지 셀프로 고친 욕실이다. 셀프 인테리어의 한계는 어디인지를 많이 생각해 보게 되는 욕실이기도 하다.

기본 화이트 컬러에 원목의 느낌을 살려 내추럴하면서도 단정한 느낌이 드는 이 욕실은 모자이크 타일을 이용해서 하단은 타일 덧방을 하고, 상단은 워셔블 핸디코트를 발라 페인팅으로 마감했다.

욕실이 큰 편은 아니라서 수납장을 따로 두지 않고 오픈 선반을 제작해서 물건을 수납하였더니 오히려 개방감이 느껴져서 보기 좋다.

욕실 공사 하는 법

> 1. 기존의 욕조를 철거한다. 철거하기 전에는 반드시 양수기함 상수도 밸브를 잠가야 한다. 하지만 양수기함 상수
도 밸브를 잠그면 집 안의 모든 수도를 쓸 수가 없다. 이때는 욕조, 세면기, 배변기를 제거한 후에 '메꾸라'라고 불
리는 배관 막음 도구를 이용해서 욕조의 냉온수 꼭지, 세면기의 냉온수 꼭지, 배변기 수도꼭지를 조여 막고 양수
기 밸브를 열면 욕실 공사 중에도 다른 곳은 수도를 사용할 수 있다.

2. 욕실 셀프 리모델링에서 중요하게 신경 써야 하는 것은 방수 작업이다. 방수액과 물을 1:1로 섞은 후 몰탈을
넣어 준 후 방수가 필요한 부분에 발라 준다. 1차 방수가 되고 나면 욕조 자리 옆 벽면을 메꿀 몰탈 반죽에 방수액
과 물을 1:1로 희석해 밀가루 반죽보다 되직한 느낌으로 섞는다. 이때, 메도칠을 섞으면 찰기가 좋아져 바르기가
편해지는데 얇게 2, 3번에 걸쳐 옆벽을 메꿔 준다.

3. 바닥을 메꾼다. 시멘트와 모래를 바닥에 쏟아 붓고 대충 건비빔한 후에 물 빠짐(구배)을 고려해 경사지게 펴 주
고 물뿌리개로 물이 흠뻑 젖도록 뿌려 주고 30분 정도 말린다. 미장 칼로 잘 다듬어 준다. 바닥이 완전 건조되면
옆 벽면에 타일을 붙이고 줄눈 작업을 한다.

4. 압착 시멘트나 백 시멘트를 이용해 바닥 타일을 붙이고 유가를 교체한 후 백 시멘트로 줄눈을 넣는다. 벽 상단
에 워셔블 핸디코트를 바르고 페인팅을 한 후 세면대와 변기를 교체한다.

위 과정은 우리 부부가 직접 작업한 것이 아니고 오리부리 님 블로그에 소개한 셀프 욕실 인테리어 글을 읽고 정
리한 것이다 보니 실제와 조금 차이가 있을 수 있다. 어떤 과정을 거쳐 작업했는지 대략적인 것을 설명하는 것뿐
이니 더 상세한 내용과 과정은 오리부리 님 블로그에서 확인하기를 바란다.

Before

After

PART 05

실전
DIY

DIY는 "Do it yourself"의 줄임말이다. 생소한 말 같지만 우리는 누구나 어려서부터 DIY를 경험한다. 초등학교 실과 시간에 만들었던 국기함이나, 수수깡으로 만들어 본 장난감, 밸런타인데이 초콜릿 만들기까지 스스로 필요한 것을 만드는 모든 과정이 DIY이다.

알파벳 그대로 "디-아이-와이"라고 읽는 것이 맞는데 힘들어 죽겠다고 해서 다이질(?)이라고 장난삼아 부르기도 한다. 하지만 말 그대로 웃자는 이야기지 그렇게 DIY가 힘들어 죽을 만하지는 않다. 낡은 가구들을 칠하거나 재조립하며 리폼을 하다 보면 얼마 지나지 않아 나무나 다른 재료들을 가지고 필요한 것을 직접 만들고 싶은 마음이 든다. 정해진 공간 안에 들어갈 마땅한 가구를 찾는 것이 쉽지 않기도 하고, 원하는 스타일이나 기능을 가진 가구를 만나는 것도 생각처럼 쉽지 않다. 하지만 DIY로 직접 필요한 것들을 만들기 시작하면 큰돈 들이지 않고도 우리 집 분위기에 잘 어울리고 내가 원하는 크기와 디자인의 가구를 갖게 되는 것이다. 그렇게 집과 필요에 딱 맞는 가구와 소품들이 생기면 생길수록 DIY의 매력에 빠지게 된다.

어디서 이런 것을 배우냐고 묻는 사람들이 종종 있는데, 대부분 셀프 인테리어를 하는 사람들이 그렇듯 우리도 따로 배운 적 없이 온라인의 블로그나 카페에 올라오는 다른 사람들의 글을 보며 익혀 왔다. 제대로 공방 같은 곳에 가서 기초부터 배운다면 아마 더 짜임새 있고 튼튼한 가구를 만들어 갈 수 있겠지만 아껴서 만들어 보려고 하는 입장에서는 그것도 만만치 않다. 공방에서 처음부터 배워서 튼튼하게 잘 만드는 것도 좋지만, 그런 여건이 안 된다면 온라인에도 정보가 풍부하니 거기서 필요한 것들을 얻고 만들면서 스스로 익혀 가는 것도 나쁘지 않다. 만들어서 판매하는 것이 아니다 보니 혹시 좀 부족해서 문제가 생길 때도 있는데 그럴 때도 자체 A/S 시스템을 가동하면 된다.

나무의
이해

나무의 종류

실제 목공 작업을 하기 전에 먼저 나무에 대한 이해가 필요하다. 나무는 크게 각재와 판재로 구분하고, 각재는 소송각재, 라왕각재, 집성각재, S.P.F.구조재 등으로 나뉜다. 판재는 MDF와 합판, 집성판재로 구분하며 집성판재는 재질에 따라 삼나무 집성목, 미송 집성목, 뉴송 집성목 등이 있다.

투바이포 소송각재	라왕각재	S.P.F.구조재
뉴송 집성각재	MDF	미송 합판

소송각재

천장 공사 프레임이나 벽 안쪽 내부용으로 많이 사용되는 비교적 저렴한 각재. 대패 가공이 되어 있지 않기 때문에 표면이 거칠다. 건조 정도에 따라서 뒤틀림이 심할 수 있고, 옹이나 송진 등으로 나무의 상태가 제각각 다르다. 가구를 만들 수는 있으나 적절하지 않은 편이다.

> **규격** 27×27×3600mm('투바이투' 혹은 '다루끼'라 불림),
> 30×69×3600mm(투바이포)
> 세탁기 위 수납장, 침실 창문 밑 옷 박스 수납장,
> 침실 갤러리 창문과 창틀에 사용

라왕각재

목재 고유의 결점이 되는 부분을 제거하고, 결점이 적은 부분으로만 집성하여 만든 각재. 소송각재보다 강도가 강하고, 뒤틀림이 거의 없는 것이 강점이다. 단점은 소송각재에 비해 나무의 자연스런 느낌이 덜하다. 보다 튼튼한 가구를 만들 때 소송각재 대용으로 사용할 수 있다.

> **규격** 28×28×3600mm
> 나무 소파 작업시 보강목으로 사용

S.P.F.구조재

가문비나무Spruce, 소나무Pine, 전나무Fir를 함께 벌목한 후에 건조한 후 규격화된 치수로 제재하여 구조용으로 적합하게 만든 목재. 밝고 자연스러운 옹이를 가지고 있으며 소송각재보다는 강도가 단단하고 건조목이라 뒤틀림도 거의 없다. 대부분 대패로 가공한 것들을 판매하며 스테인 칠하기에 용이하다.

> **규격** 18×36×3600mm, 18×137×3600mm, 36×36×3600mm,
> 36×86×3600mm, 36×137×3600mm
> 베란다 데크 작업시 구조목, 침대 프레임에 사용

집성각재

집성각재에는 주로 미송 집성각재와 뉴송 집성각재가 주로 쓰인다. 용도는 가구의 다
리로 많이 사용한다.

    규격   45×45mm, 60×60mm

           침대 헤드 보드와 프레임, 나무 벤치에 사용

MFD

고온에서 얻은 목섬유wood Fiber를 합성수지 접착제를 이용하여 겹합시켜 만든 합판.
표면이 매끄럽고 가공이 용이하여 가구나 건축의 내장재로 많이 사용한다. 단점은 습
기에 매우 약해서 물이 닿으면 부풀어 오른다는 것과 접착제를 사용하여 만든 것이기
때문에 건강에 좋지 않다는 것이다. 가격은 저렴한 편이고, 페인트칠하기 전에는 반드
시 젯소를 바른 후에 페인트 도색을 해야만 한다.

    두께   3mm, 4.5mm, 6mm, 9mm, 12mm, 15mm, 18mm, 22mm, 25mm
    규격   1220×2440mm

           침실 옆 갤러리장의 문, 신발장 문, TV수납장의 문 등에 사용

합판 (미송합판 / 데코사이딩)

미송원목을 얇게 썰어서 여러 장을 덧붙여 만든 합판. 건축 및 인테리어 자재로 많이
사용되며 가구를 만들 때도 뒤판으로 많이 쓰인다. 가격이 저렴하면서도 무늬가 있어
서 원목 느낌을 낼 수 있다. 폭을 80mm이나 100mm로 제단해서 벽 마감용 패널로도
사용할 수 있다.

    두께   4.8mm, 9mm, 12mm, 15mm
    규격   1220× 2440mm

           침실 옷 박스 수납장, 세탁기 위 수납장, 침대 밑 수납장 등에 사용

집성목은 집성 방법에 따라 솔리드 집성, 사이드 핑거 집성, 탑 핑거 집성으로 구분하고 나무의 재질에 따라 삼나무 집성목, 뉴송 집성목, 미송 집성목 등으로 구분한다. 나무의 굵기가 한정이 있기 때문에 넓은 판재를 만들기 위해서는 집성을 할 수 밖에 없다. 솔리드 집성은 길이 방향으로 집성한 것이라 무늬가 잘 살고 외관이 깔끔해 보기 좋은 반면 가격이 조금 비싼 편이다. 핑거 집성은 톱니 모양으로 서로 이빨을 맞춰서 연결한 것으로 톱니 모양의 집성한 곳이 옆인지 앞인지에 따라서 사이드 핑거와 탑 핑거 둘로 나뉜다. 솔리드 집성보다는 외관이 덜 예쁘지만 가격은 보다 저렴한 편이다.

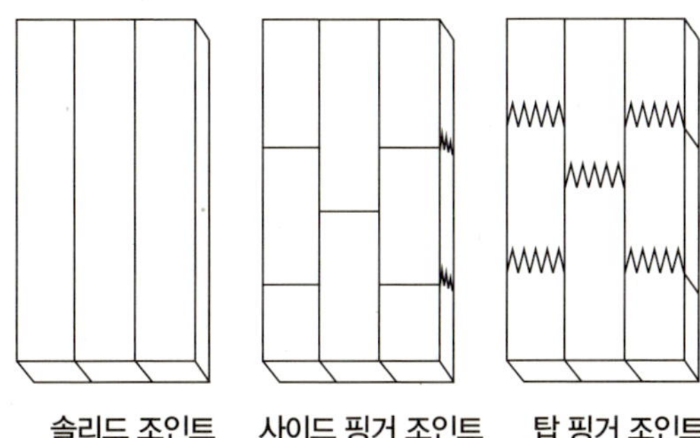

솔리드 조인트   사이드 핑거 조인트   탑 핑거 조인트

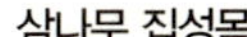

삼나무 집성목   미송 집성목   뉴송 집성목   스프러스 집성목

삼나무 집성목

삼나무는 표면에서 은은한 나무향이 나며 인체에 유익한 피톤치드를 많이 함유하고 있고, 미송이나 뉴송에 비해 조금 붉은빛이 돌아 나무색이 진한편이다. 다른 집성목에 비해 비교적 가격이 저렴하며 가볍고 가공이 용이하지만 나무의 강도가 약한 편이라 잘 찍히고, 튼튼한 가구를 만들기는 힘들다는 단점이 있다.

규격　9mm, 12mm, 15mm, 18mm, 24mm

　　　　책상 밑 서랍장, 욕실 앞 빨래장, 16칸 수납장에 사용

미송 집성목

북아메리카가 원산지인 더글라스 소나무를 미송이라고 부른다. 미송은 표면강도가 삼나무나 스프러스보다 강하고 색감은 조금 노란 빛을 띤다. 변형이 비교적 적은 편이라 가구나 다양한 소품을 만들 때 쓰기 좋다.

규격　18mm, 24mm

　　　　주방 그릇장, 침실 수납장에 사용

뉴송 집성목

뉴송은 뉴질랜드 소나무를 말한다. 미송이나 스프러스보다 표면 강도가 높고, 무게가 무거우며 가격은 스프러스나 미송보다 저렴하다. 무늬결이 고르고 자연스러운 옹이를 가지고 있으며 색상이 미송보다 밝고 부드럽다. 다만 취급하는 인터넷 목재소가 많지 않아 다양한 두께의 목재를 구하기가 불편하다는 단점이 있다. 나무색이 밝아 스테인으로 색을 입힐때 색 변화가 거의 없다.

스프러스 집성목

가문비나무로 만들어진 것으로 나무 색이 희고 밝으며 손톱처럼 작은 옹이가 많다. 나무 느낌이 밝고 예쁘지만 표면 강도가 약하고 변형이나 휨이 많아 가구보다는 주로 가구 상판으로 많이 쓰인다.

낡고 작은 집 인테리어

목재에 대한
기본적인 이해

목재의 두께

가구를 만들 때 사용하는 목재의 두께는 12mm, 15mm, 18mm, 24mm, 30mm가 있다. 일반적으로 두께는 12t, 15t, 18t, 24t, 30t라고 부른다.

12t는 조금 얇은 감이 있으며 가볍고 힘을 많이 받지 않는 가구 제작 시 사용한다. 만약 가구 안에 들어가는 서랍을 만든다면 12t가 가장 적당하다.

15t와 18t가 일반적으로 가장 많이 사용하는 두께이다. 가구를 만들어 보면 18mm가 안정감이 있고 보기에도 좋다. 하지만 두께가 두꺼워질수록 가구가 무거워지고 비용이 더 들어간다는 것을 고려해야 한다. 24t와 30t는 힘을 많이 받는 튼튼한 가구를 만들 때 사용한다. 거실 벽에 고정한 책꽂이는 책의 중량을 감당하기 위해 30t를 사용

했다. 하지만 인터넷 목재소에 따라 취급하는 나무와 두께가 다르기 때문에 설계 전에 반드시 자신이 원하는 두께의 목재가 있는지 확인해야 한다.

목재의 결

나무는 결이 있기 때문에 설계할 때 이것을 고려해야 한다. 나뭇결 방향이 '길이'이고 나뭇결과 수직 방향이 '폭'이다. 폭이 지나치게 길면서 길이가 짧으면 나무가 부러질 위험이 있기 때문에 일반적으로는 1)과 같이 짧은 쪽을 폭으로 하고 긴 쪽을 길이로 한다.

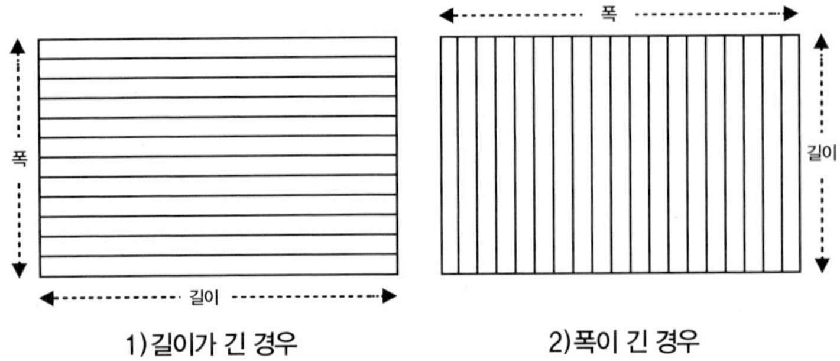

1) 길이가 긴 경우   **2) 폭이 긴 경우**

그러나 경우에 따라서는 2)와 같이 폭이 넓고 길이를 짧게 하는 경우도 있다. 그 이유는 길이의 단면이 폭의 단면보다 미관상 보기 좋기 때문에, 길이 방향의 단면이 눈에 보이는 쪽으로 오게 할 경우 간혹 폭이 더 긴 경우도 있다. 가구의 옆판을 만들 때 이런 경우가 종종 있다.

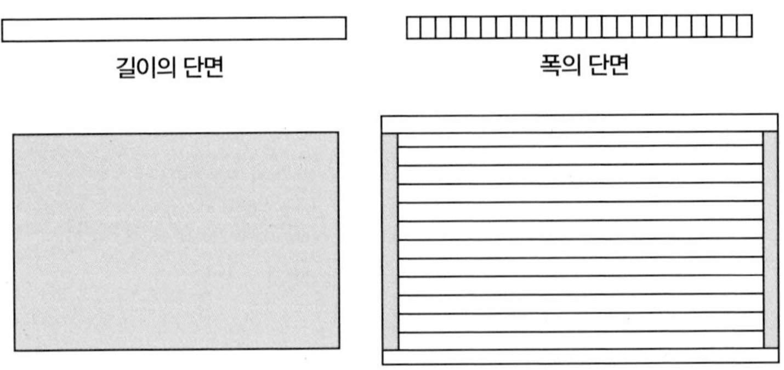

낡고 작은 집 인테리어

목공용 공구

목공용 공구

셀프 인테리어를 시작하는 사람은 누구나 어느 정도의 공구를 갖추어야 하게 된다. 작업보다는 장비를 갖추는 데 열을 올리는 사람도 간혹 있지만 꼭 필요한 공구 몇 가지만으로도 셀프 인테리어는 충분히 시작할 수 있다. 작업을 해 보기 전에는 어떤 공구가 나에게 맞는지, 또 나에게 필요한 용도의 공구가 무엇인지 알 수 없기에 오히려 어느 정도 작업에 익숙해진 후에 하나씩 장비를 갖추어 가는 것이 좋다. 여기서는 그동안 공구를 사용하면서 느낀 점들을 몇 가지 정리해 본다.

기본적으로 꼭 있어야 하는 직각자, 줄자 이외의 공구를 소개하니 필요에 맞게 구입하거나 빌려서 쓰면 될 것이다.

전기 드릴과 충전 드릴

전기 드릴은 전기선을 연결해서 사용하고, 충전 드릴은 무선
으로 충전해서 사용한다. 콘크리트 타공 작업이 가능한 해머
겸용 전기 드릴도 있다. 목공 작업을 할 때에는 무게가 가볍
고 선이 없는 충전 드릴이 편리하다. 배터리 전압이 9~10V
이상인 제품을 선택하면 목공 작업에 불편이 없다. 충전 드릴
은 나사 작업 시 나사 머리가 망가지는 것을 방지하기 위해 설
정 값에 따라서 드릴을 헛돌게 하는 것을 방지하는 힘 조절 클
러치 기능이 있는 것과 척키 없이 손으로 드릴 척을 조이고 풀
수 있는 것이 편리하다. 배터리는 힘을 일정하게 유지하며, 충
전도 빨리 되는 리튬이온배터리 장착 제품을 추천한다.

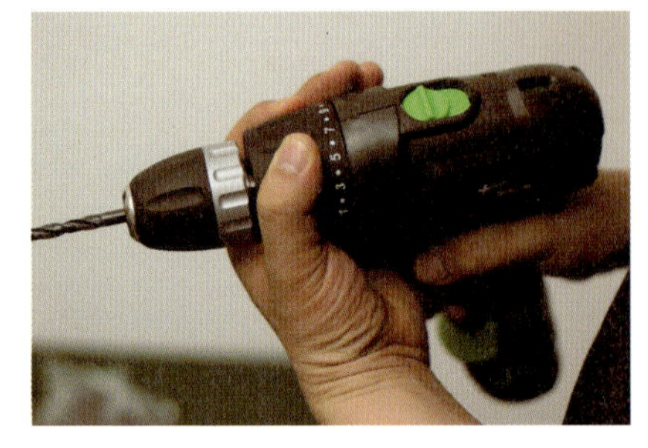

이중 드릴 날(이중기리)

나사 구멍을 내면서 동시에 나사 머리까지 만드는 기능을
하는 드릴 날을 이중 드릴 날이라고 부른다. 목공 작업을 할
때 매우 많이 사용하는 공구이다. 안쪽 드릴 날을 드릴척의
힘으로 고정하는 방식의 드릴 날과 육각 렌치를 이용해서
고정하는 방식의 드릴 날 두 가지가 있는데 육각렌치로 고
정하는 방식의 드릴 날이 가격은 비싸지만 기능은 훨씬 좋
다. 드릴척의 힘으로 조이는 방식은 가끔 조이는 힘에 의해
드릴 날이 망가지기도 하기 때문이다. 또한 사진에서 보는
것처럼 높낮이 장치가 있으면 작업이 더욱 편리하다.

직소기

직소기는 톱날이 상하 운동을 하면서 절단하는 일종의 전기
톱이다. 직소기는 직선 절단뿐 아니라 곡선 절단까지 가능한
것이 장점이다. TV수납장 문에 꽃무늬 구멍을 뚫을 때, 주워
온 나무 소파 등받이에 곡선 무늬를 만들 때, 안방 문에 유리
를 끼울 때 직소기를 유용하게 사용했다. 각재 절단보다는
판재 절단 작업 시 유용하다.

낡고 작은 집 인테리어

전기 타카

타카의 종류에는 에어 타카와 전기 타카가 있다.

힘이 좋아 콘크리트 벽에 나무를 고정할 때 쓸 수 있는 에어 타카는 압축 공기를 사용하기 때문에 컴프레서가 있어야만 작동이 된다. 때문에, 가정에서 타카를 사용할 때에는 비록 힘은 적지만 전기로 사용할 수 있는 전기 타카가 더 적당하다. 전기 타카가 있으면 작업 속도가 이전보다 훨씬 빨라진다. 타카심은 그 길이가 다양하기에 목재의 두께에 따라 정하면 된다.

각도 전단기

각도 절단기는 원형 날이 회전하면서 작두처럼 절단하는 전기톱이다. 각재 절단에 유용하게 사용된다.

각도 절단기의 종류에 따라 판재 절단 길이는 다르지만 어쨌든 절단할 수 있는 길이의 한계가 있기 때문에 넓은 판재나 긴 판재를 절단하는 것은 불가능하다.

직각 절단이 잘 돼서 정확한 규격의 가구를 만드는 데 유용하고 톱으로 작업할 때보다 작업 능률이 매우 좋아진다. 각도 조절도 가능해서 액자틀 절단에 필요한 45도 절단도 할 수 있다.

클램프

클램프는 작업할 때 재료를 고정하거나 접착할 때 사용하는 공구이다. 특히 목공 본드가 굳기까지는 시간이 걸리기 때문에 클램프로 조여 두는 것이 좋다.

특별히 목심으로 가구를 만들 때는 반드시 클램프가 필요하다. 클램프는 벌어지는 길이에 따라 여러 종류가 있으니 자신이 만들 가구를 생각해서 크기를 고르면 된다.

작업대

작업대는 도웰링 작업을 하면서 가장 최근에 구입하였다. 목공 작업 입문자가 처음부터 구입할 도구는 아니지만 자신이 목공 작업에 흥미가 있고, 경험이 쌓여 가는 사람이라면 구입해서 사용하는 것도 좋을 듯하다.

무엇보다 작업대는 재료가 되는 나무를 수직으로 조여 놓을 수 있어서 판재의 옆면에 구멍을 뚫을 때 편리하다.

작업대는 목공 작업을 하는 데 있어서 필수 도구는 아니지만 있으면 작업 능률이 훨씬 더 오를 것이다. 또한 가구나 나무에 페인트칠을 할 때 여기에 올려놓고 칠하면 편하다.

드릴 가이드

드릴 작업을 할 때 가장 힘든 것이 직각으로 구멍을 뚫는 것이다. 특히 목심을 박을 때는 직각으로 뚫리지 않으면 목심이 기울어지고, 반대편 나무가 비뚤어지게 연결된다. 물론 드릴프레스가 있으면 훨씬 편하겠지만 가격이 만만치 않으므로 차선책으로 드릴 가이드를 추천한다. 정교한 작업을 기대하기는 어렵지만 그래도 드릴을 비교적 직각으로 내려갈 수 있도록 가이드를 해 주기 때문에 드릴프레스 대용으로 사용할 만하다. 가격도 비싸지 않다.

대패

대패는 목공 작업 시 나무가 클 때 크기를 맞추는 데 유용하다. 특별히 나뭇결 방향으로는 대패질이 잘 되지만 나뭇결과 직각 방향으로는 대패질이 잘 되지 않으므로 이를 참고해야 한다.

또한 나무의 마감 작업을 할 때도 대패를 사용하면 좋다. 대패도 작업의 수준을 한 단계 올려 준 공구이다. 비싸지 않으므로 기본적으로 갖추어 놓을 만한 공구이다.

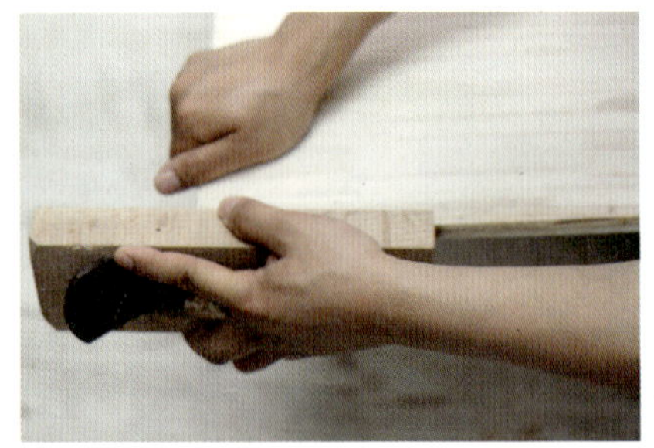

낡고 작은 집 인테리어

사포 홀더

사포질은 목공 작업 시 마무리를 할 때 가장 기본이
되는 작업이다. 거친 사포는 80~120번 정도를 사용하
고 중간은 150~220번, 고운 사포는 그 이상을 사용한
다. 사포작업을 하다보면 손이 뜨거워지기 때문에 사포
홀더를 사용하면 작업의 능률이 오른다. 사포 작업은 조
금은 귀찮은 작업이지만 사포 작업을 한 나무와 하지
않은 나무의 결을 비교해 보면 하늘과 땅 차이가 난다.
페인트나 스테인을 칠하기 전에는 중간 사포로, 후에는
고운 사포로 마무리를 하는 것이 좋다.

도웰마스터

앞에서 설명한대로 도웰마스터는 도웰링 작업에 유용
한 공구이다. 사진에서 보이듯 6mm, 8mm, 10mm 세 개
의 구멍이 있다. 아래쪽에는 턱이 있어서 나무와의 간
격을 맞출 수 있으며, 도웰링 작업 시 나무 한가운데
연결할 때에는 위쪽에 뭉치 부분을 풀어 준 후 아래쪽
턱을 빼고 사용한다. 손잡이를 잘 잡아야 직각으로 드릴
링이 되는데 조금씩 편차가 있기는 하다. 숙달되는 데는
시간이 조금 필요한 공구이다.

홀쏘

홀쏘는 큰 구멍을 뚫을 때 사용하는 도구이다. 크기는 여
러 종류가 있으며 드릴 날처럼 드릴의 앞부분에 끼워서
사용하면 된다.
거실 조명 박스를 만들 때 홀쏘를 사용했는데 깔끔하게
큰 구멍을 뚫을 수 있어서 좋다. 또한 책상 뒤쪽으로 구멍
을 뚫어 전선을 뺄 때도 홀쏘를 사용하면 편하다.

설계 도면
그리기

**필요에 맞게
디자인하고
치수 정하기**

스스로 가구를 만들기 시작하면서 우리가 함께 정했던 원칙 중 하나는 만드는 재미에 빠져서 꼭 필요하지 않은 것들을 만들지 않도록 조심하자는 것이었다. 하지만 무언가 만들기로 결정했을 때에는 서로의 필요와 취향을 충분히 이야기하고 그것에 맞는 가구를 만들기로 했다.

가구는 장식품이 아닌 생활용품이다 보니 가구를 만들 때는 가구를 사용할 사람과 충분한 의견 교환이 필요하다. 이 가구의 사용 용도는 무엇인지, 어느 위치에 놓을 것인지, 누가 사용할 것인지, 사용자가 어떤 색감을 좋아하는지, 방에 어울릴 만한 느낌은 어떤 것인지에 대해 서로 이야기를 나누고 만든다면 만드는 사람과 사용하는 사람 모두를 만족시켜 줄 것이다.

가구를 만들기 전에 어떤 스타일을 원하는지 그림으로 그려 보라. 그리는 것이 어려우면 시중에 나와 있는 기성 제품 중에서 좋아하는 스타일의 가구 사진을 찾아보는 것도 좋다. 다른 사람이 만든 것 중에서 취향에 맞는 것을 고르고 내 스타일로 변형해서 만드는 것도 좋은 방법이다.

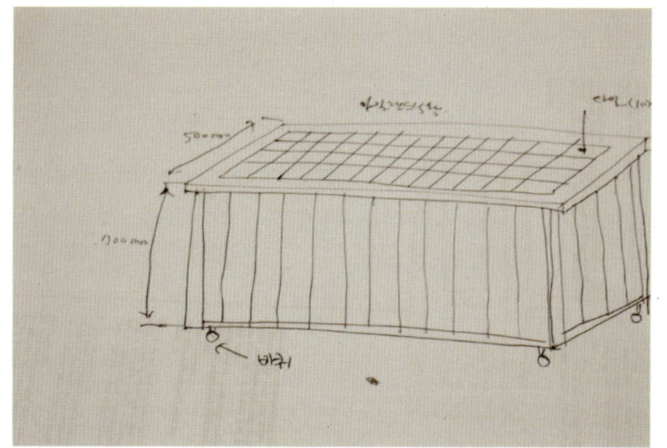

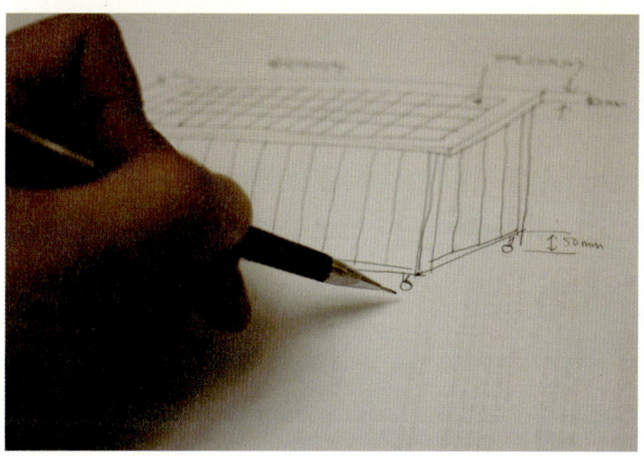

가구의 대략적인 디자인이 나오면 먼저 가구 전체의 치수를 정한다. 어느 정도의 높이가 제일 좋을지, 길이가 어느 정도 되면 좋을지, 놓으려는 위치와 맞추어 정한다. 막상 만들어 보려고 하면 인체에 사용하기 편리한 적당한 정도의 높이와 폭을 어떻게 해야 하는지 난감한데 그럴 때는 시제품의 높이나 폭, 깊이를 참고하면 된다. 가구 회사에서는 실험과 연구를 통해 사용하기 가장 편리한 치수를 찾아 내니 대다수의 집에 잘 맞는 편이다. 높이와 깊이를 참고하고 놓아야 할 공간의 크기에 맞추어 조절한다.

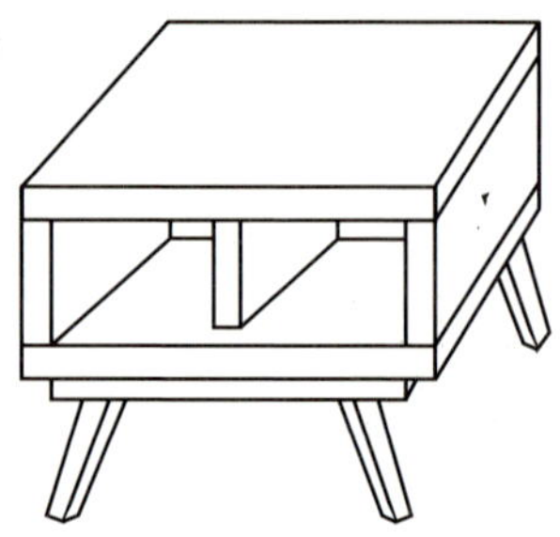

가구를 만들 때는 먼저 결합할 방향을 정해야 한다. 그래야 재단할 나무의 크기를 결정할 수 있다. 결합할 방향은 위, 아래에서 결합하는 방법과 옆에서 결합하는 방법 두 가지이다. 위, 아래에서 연결하는 방법은 위에서 누르는 힘을 많이 받을 때를 비롯해서 테이블, 책상 등에 사용하는 가장 일반적인 방법이다. 하지만 가구 2개를 쌓거나 옆면이 더 눈에 띄는 가구라면 좌, 우에서 연결하는 방법으로 만들기도 한다.

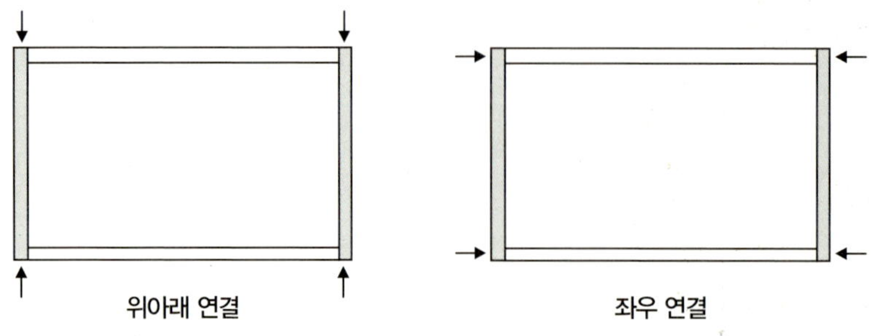

도면 그리기

너비500×높이300×깊이400mm인 사각형 가구를 만든다고 했을 때 도면 그리는 방법을 살펴보겠다. 전체 나무의 두께는 18t이고 앞에 문 없는 박스이다.(뒤판은 4.8t 미송 합판으로 막을 수도 있지만 같은 18t로 만들면 보다 견고한 가구가 된다.)

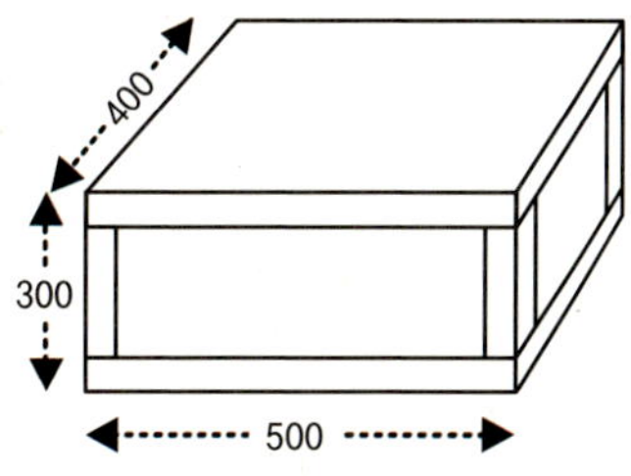

위판과 밑판   폭400x길이500mm

옆판 길이   전체 높이-(나무의 두께x2) =300-(18x2) = 300-36=264mm

옆판   폭400x길이264mm

 # 길이 방향이 눈에 보이기 때문에 폭이 넓고 길이가 짧게 되는 경우이다.

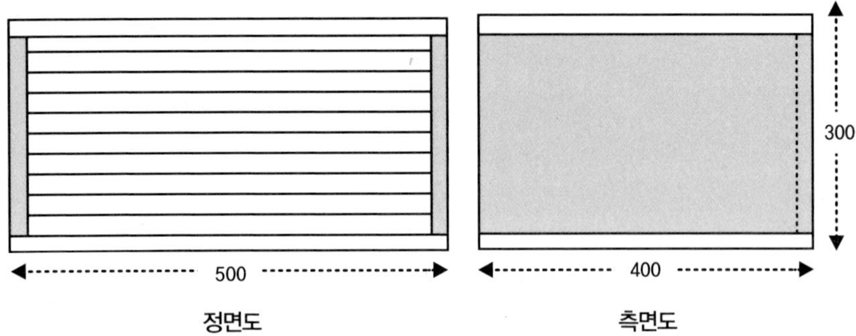

3. 뒤판은 사각틀 안쪽으로 들어가는 형태이기 때문에 이렇게 계산하면 된다.

   길이   전체 길이-(나무의 두께x2)=500-(18x2) = 500-36=464mm

   폭   전체 높이-(나무의 두께x2)=300-(18x2) = 300-36=264mm

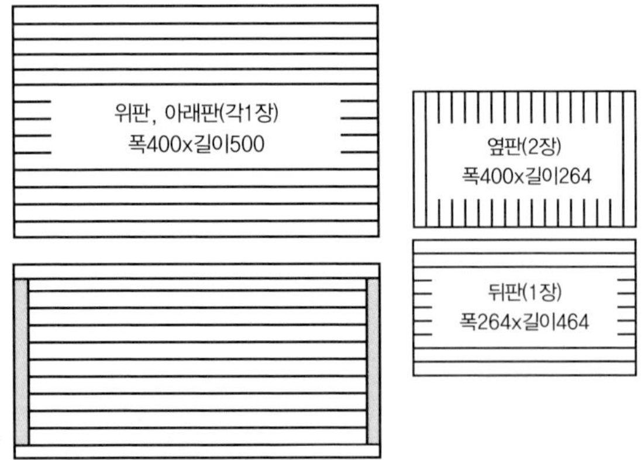

      낡고 작은 집 인테리어

재료 삼나무 집성목 18t (서랍과 뒤판은 12t)

서랍 앞판의 가로 길이

= 전체폭−(나무의 두께x2)−여유분 양쪽 4mm

= 381−(18x2)−4=341mm

 # 가구의 안쪽으로 들어가는 서랍 앞판,

문짝 등은 양쪽으로 2mm씩 총 4mm의

여유를 주면 적당하다.

2. **옆판의 높이** (서랍A+B+C높이)+틈새(2mmx4군데)

 # 서랍A, B를 130mm, 서랍C를 170mm로 한다면 (130+130+170)+8=438mm

이동식 책상서랍 만들기 − 바퀴35mm

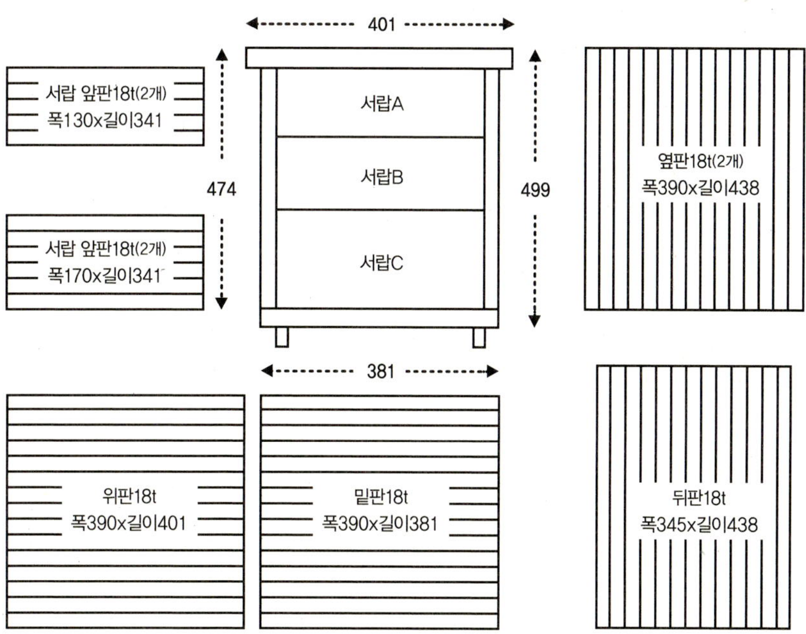

세 가지 원리를 활용한
가구 만들기

**가구 제작
원리의 이해**

가구의 모양새와 쓰임은 워낙 다양하지만 가구를 만들 때는 세 가지 정도의 원리로 구분할 수 있을 것 같다. 나무토막 4개로 사각형을 만들고 뒤판만 막아 주면 기본이 완성되는 사각형 가구, 다리에 상판이 연결되어 있는 테이블형 가구, 가구 무게와 비용을 줄이는 데 효과적인 각재 활용 가구가 그것이다.

이것은 그동안 우리가 집에서 가구를 만들면서 경험한 노하우에서 나온 구분법이라 공신력은 없지만 셀프로 가구 만들기를 시작하는 분들은 이 세 가지 원리를 이해하면 도움이 될 것이다.

사각형 가구

가구를 만들 때 가장 많이 사용하는 형태는 사각형을 기본으로 한 가구이다. 나무네 토막을 서로 연결해 사각형을 만들고 뒤판을 막아 주면 완성! 너무 단순해 놀랍지만 이 기본 틀 안에서 나무 크기에 따라 소품, 작은 수납장, 큰 수납장이 되고, 기본 사각 틀에 서랍을 만들어 넣으면 서랍장, 선반을 끼워 주면 선반장, 거기에 문을 달아 주면 수납장이 되기도 한다.

테이블형 가구

테이블형 가구는 다리에 상판을 올리는 것을 기본으로 한 형태의 가구이다. 식탁, 책상 같은 테이블이 되기도 하고, 화장대가 되기도 하고, 다리를 짧게 만들어 상판을 올리면 의자가 되기도 한다. 다리는 구매할 수도 있고 만들 수도 있다. 위에 올리는 가구의 상판은 전체를 한 판으로 만들 수 있고, 여러 개의 판재를 연결해서 만들 수도 있다. 다리와 상판 만드는 원리만 이해하면 쉽게 제작이 가능한 가구다.

예) 집성목 판재로 테이블형 가구 다리 만들기

목공 본드를 이용해 두 집성목을 직각으로 붙이고, 전기 타카로 고정하면 'ㄱ'자 모양의 다리가 된다. 이런 다리를 4개 만든다.

4개의 다리를 아래 그림과 같이 보강목으로 서로 연결하면 가구 다리가 완성된다.

집성목 판재로 다리를 만들 때는 15t 이상이 적당하며 강도가 약한 삼나무 집성목은 피하고 미송 집성목 정도의 강도를 사용하는 게 좋다.

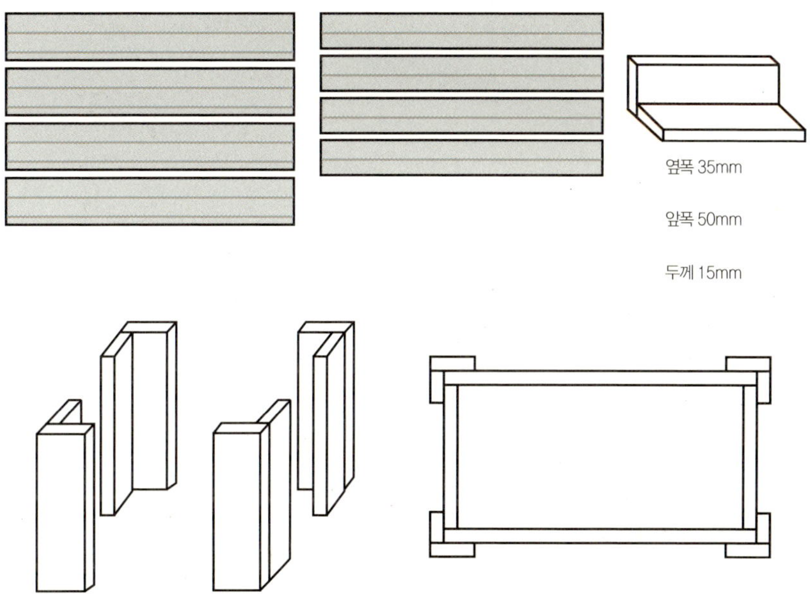

각재 틀 가구

판재로만 큰 가구를 만들면 비용이 많이 발생하고 가구의 무게도 무거워지게 된다. 이럴 때는 각재로 틀을 만들고 얇은 판재로 막는 방법을 사용할 수 있다. 각재를 이용하면 재료 비용은 절약되면서 튼튼한 가구를 만들 수 있다. 작은 가구도 이 방법을 이용해 만들 수 있다. 각재로 가구를 만들 때는 뒤틀림이 적은 건조목을 쓰고, 각재끼리 연결 시 각재가 돌아가지 않도록 연결 부위를 나사 2개로 고정해야 한다.

사각형
가구 만들기

**쉽게 만들 수 있는
주방 양념 선반**

기본 사각 틀에 선반을 넣은 오픈 수납장 형태의 주방 양념 선반이다. 폭이 좁은 사각 박스를 만들고 필요한 위치에 선반을 고정한 후, 뒤판을 막으면 완성할 수 있다. 일반 책꽂이나 책상 위에 올려놓을 수 있는 작은 책꽂이, 좁은 공간에 넣는 틈새 수납장 등도 같은 방식으로 만들 수 있다. 재료는 나무를 구매해도 되지만, 버려진 서랍장의 서랍 부분을 재활용해 만들 수도 있다. 크기가 잘 맞는 서랍을 2개 구해 하나는 외곽의 기본 틀로 사용하고, 하나만 분리해 선반으로 사용한다.

사전 준비 및 주의점

양념 선반을 만들 때는 사용하려는 양념 병을 꺼내고 넣을 때의 각도를 고려해 충분한 여유를 주어야 사용이 편하다.

낡고 작은 집 인테리어

양념 선반장

 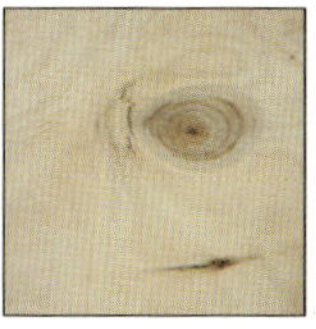  

필요 재료   삼나무 집성목18t, 미송 합판 4.8t, 스테인, 목공 본드

1. 선반을 만들 나무를 준비한다. 우리는 몸판은 삼나무 18t를 인터넷 목재소에서 주문했고 뒤판은 집에서 사용했던 미송 합판 4.5t를 재활용했다.

2. 목공 본드를 연결부위에 발라 외곽 틀끼리 붙인다.

3. 전기 타카를 이용해 고정한다. 못이나 나사로도 고정 가능하다.

4. 완성된 사각형의 외곽 틀.   5. 선반이 될 나무를 원하는 위치에 고정한다.

6. 나무 보호를 위해 스테인을 칠한다. 물과 기름때가 많은 주방이라 꼭 바니쉬로 마감을 해야 한다.

7. 뒤판(미송 합판)에 페인트칠을 한다. 우리는 흰색을 사용했다.

8. 페인트가 마르면 뒤판을 연결한다.   9. 완성된 양념 선반의 모습.

기존에 사용하던 빨래 바구니를 깔끔하게 정리하고 싶어서 가지고 있던 바구니에 맞는 크기로 세탁 바구니 수납장을 만들었다.

생활용품 수납도 필요해 위쪽에는 작은 서랍장을 만들었다. 둘 다 사각형을 기본으로 한 가구이다. 나중에 이사해서 배치를 다르게 할 경우를 대비해 위의 서랍장 부분과 아래 빨래 바구니 수납 부분을 분리해 각각 따로 만들었다. 위, 아래 모두 사각형을 기본으로 한 가구이긴 하지만 아래쪽은 바구니 입출이 편하게 오픈형으로, 위쪽은 레일 없는 서랍을 넣은 서랍장 형태로 만든 것이 특징이다.

서랍 부분은 버려진 서랍을 주워 재활용했고, 아래쪽 바구니 수납장은 사선으로 된 발을 달아 주어 바닥에서 살짝 올라온 형태로 만들었다.

낡고 작은 집 인테리어

세탁 바구니 수납장

  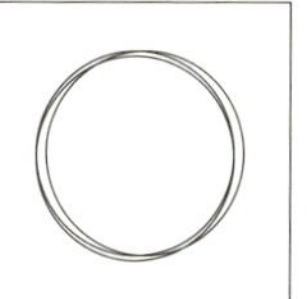  

필요 재료　삼나무 집성목 15t(뒤판만 12t), 버려진 서랍 4개, 철사, 천, 스테인, 목공 본드

1. 세탁물 바구니 2개가 들어갈 정도의 크기로 빨래 수납장을 설계하고 나무를 주문한다.

2. 목공 본드와 전기 타카를 사용하여 사각형 모양으로 조립한다.

3. 발을 달아 준다.

4. 세탁 바구니 수납장 완성.

5. 철사와 천을 이용하여 커튼을 만들어 세탁 바구니 윗부분을 가려 세탁물이 보이지 않도록 한다. 철사를 고정하기 위해 양옆에 나사를 박았다.

6. 세탁 바구니를 넣고 완성한 모습.

조명
등 박스

기다란 사각형 모양으로 만든 등 박스.
사각형이기는 하지만 사각형을 길게 만들다 보니 나무가
휘어지거나 힘을 받지 못할 수 있어 중간 중간 버팀목을 넣
어 만들었다. 등이 들어갈 아랫부분은 미리 동그랗게 뚫어
주고, 중간에 들어가는 버팀목은 외곽보다 나무 두께만큼
짧게 만들어 뚜껑을 위에 덮어두는 형태로 만들었다.

낡고 작은 집 인테리어

등 박스

※ 뒷면 도면 참조

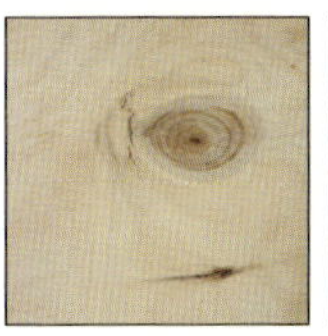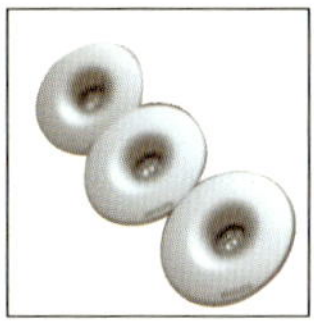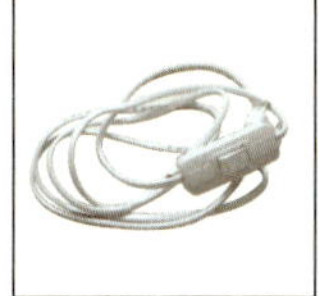

필요 재료 미송 집성목 12t, LED 매입 등 6개, 전선, 페인트, 목공 본드

1. 등 박스에 사용할 매입 등을 준비한다.

2. 매입 등을 끼울 수 있도록 드릴에 홀쏘를 사용해 구멍을 뚫는다.

3. 구멍을 뚫어 놓은 모습.   4. 목공 본드와 타카를 이용해 사각 박스 형태를 만든다.

5. 완성된 등 박스의 모습. 등 박스가 견고해지도록 중간에 버팀목을 넣어 주고, 버팀목 한 귀퉁이를 따 주어 전선이 지날 수 있는 자리를 만들어 둔다.

6. 페인트로 마감을 해 준다.   7. 매입 등을 끼운다.   8. 전선을 연결해 준다.

9. 완성된 등 박스를 원하는 위치에 달아 준다.   10. 덮개를 만들어 덮어 준다.

홍삼액을 파는 곳에서 얻을 수 있는 홍삼 박스를 활용해서 서랍을 따로 만들지 않고도 서랍장을 만들었다. 홍삼 상자는 얇은 나무 상자라 활용할 곳이 많다. 몇 년 전까지만 해도 버려야할 물건이라 가게에 말만 하면 여러 개를 쉽게 얻을 수 있었는데 요즘은 구하기가 어려워져 아쉽다. 작은 물건들을 보관할 때 매우 유용한 칸칸 서랍장이다.

16칸 서랍장

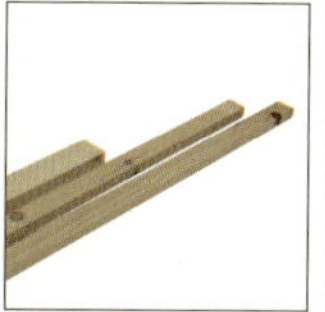

필요 재료　　홍삼 박스 16개, 삼나무 집성목 12t, 작은 나무 각재, 스테인, 목공 본드

1. 홍삼 상자를 16개 준비한다.

2. 목공 보드와 전기 타카를 이용해 안에 들어갈 선반의 세로 칸막이를 연결한다.

3. 한 줄에 4개의 서랍을 넣을 수 있도록 간격재를 목공 본드로 붙인다.

4. 같은 방법으로 가로판 5개를 만든다.

5. 먼저 옆판과 위판을 연결해 사각형의 전체 틀을 만든다.

6. 홍삼 서랍 앞에 서랍보다 좀 더 크게 앞판을 단다.

7. 스테인으로 홍삼 서랍 앞판과 칸칸 서랍장을 칠한다.

8. 작은 각재를 톱으로 잘라 손잡이 대용으로 조각을 만든다.

9. 8에서 만든 손잡이를 홍삼 서랍에 목공 본드로 붙이고 위치를 맞춰 준다.

4단 서랍장

기본 사각형 가구에 발을 달고, 상판을 약간 크게 한 서랍
장. 살면서 보니 서랍장은 가장 많이 필요하기도 하고 쉽게
만들어 볼 수 있는 가구다. 겉에 들어가는 사각 프레임 나
무를 구매하고 서랍은 버려진 것을 재활용했다. 서랍을 재
활용할 때 서랍의 앞판 부분(설전)만 다른 나무로 붙여 주
면 새 서랍이 되니 기존 서랍장 리폼 때도 활용해 보시길.

필요 재료　삼나무 집성목 15t, 원목 사선 다리 4개, 재활용 가능한 서랍
4개, 손잡이 4개, 스테인, 목공 본드

4단 서랍장　　※뒷면 도면 참조

⋯❖ 1. 재활용할 서랍을 분리한다.　2. 서랍 레일도 버려진 가구에서 떼어 준비한다.

3. 분리한 서랍을 원하는 크기로 절단한 후에 다시 조립한다.　4~5. 밑판에 다리를 먼저 연결해 준다.

6. 레일 달기 편하도록 밑판에 옆판과 뒤판을 먼저 연결한다.

7. 상판을 달기 전에 서랍 레일을 고정한다. 미리 옆면에 높이 표시를 해서 달고 사각형 모양을 만들어도 된다.

8. 서랍 레일을 고정한 후 상판을 연결해 사각 틀을 완성한다.　9. 만들어 놓은 서랍에 앞판을 연결한다.

10. 서랍을 끼워 제대로 맞는지 확인한다.　11. 서랍 앞판에 손잡이를 단다.

서랍의 위치가 바뀌어도 들어갈 수 있도록 위치 높이를 계산하는 공식이 있는데 복잡해서 우리는 서랍을 먼저 만들어 위치를 잡고 그 상태에서 적당한 간격을 맞춰 서랍 앞판(설전)을 붙인다. 쉽게 간격을 맞출 수는 있지만 서랍 위치가 바뀌면 들어가지 않을 수도 있다.

테이블형
가구 만들기

기본 테이블

테이블은 다리와 상판을 결합하여 만드는 가구 중의 가장 기본형으로, 만드는 방법은 간단하지만 활용할 곳이 많다. 다리가 들어가는 형태라 다리를 구매하거나 만들어서 상판을 올려야 한다. 속이 꽉 찬 굵은 다리는 튼튼하지만 비용이 많이 들어 우리는 주로 판재를 활용해 가구 다리를 만들었다. 상판은 큰 판재 하나를 사용할 수도 있고 폭이 좁은 판재를 연결해 사용할 수도 있는데 폭이 좁은 걸 연결해 쓰는 것이 비용이 적게 든다.

낡고 작은 집 인테리어

기본 테이블

필요 재료   스프러스 거친 판재 15t, S.P.F.구조재 38x38, 페인트

1. 판재를 직각으로 연결해 'ㄱ'자 모양의 다리를 만든다.

2. 만들어 놓은 다리를 보강목으로 2개씩 연결한다.

3. 연결된 2개의 다리를 다시 보강목으로 연결해 4개의 다리가 달린 사각형 모양의 다리 틀을 만든다.

4. 스프러스 판재 6장을 맞춰 놓은 상태에서 각재를 연결해 상판을 만든다.

5. 상판 밑의 각재는 4개를 대 주고, 양끝 각재는 다리 틀 안으로 들어가도록 간격을 맞춘다. 보강목과 이 두 각재를 연결해서 다리와 상판이 고정되기 때문에 간격이 벌어지지 않게 딱 맞추는 것이 좋다.

6. 상판의 귀를 둥글게 다듬는다.

7. 다리 틀에 상판을 끼워 옆에서 나사로 연결한 후 페인트를 칠한다.

책상은 서랍이 없는 기본 테이블 형태와 서랍이 있는 형태가 있다. 레일을 단 서랍을 넣는 것과, 선반형 서랍을 만드는 것에 있어서도 방법의 차이가 약간 있지만 기본 원리는 같다. 우리는 큰 종이류들을 넣기 위해 책상 하단을 서랍이 나오지 않는 선반형으로 만들었다. 테이블형 가구의 기본 원리대로 다리를 만들고, 다리를 연결하고, 상판을 만들어 상판을 다리 부분과 연결하고, 마지막에 아래를 한 단 더 막아 주면 완성된다.

우리는 안이 보이는 게 싫어 서랍 앞에 경첩을 이용해 문을 달았지만 그냥 오픈형태로 사용하는 경우도 많다.

낮은 테이블보다 가구의 덩치가 커져 더 어렵게 느껴질 수 있지만, 기본 방식은 같고 단지 크기만 커지는 것뿐이니 어렵게 생각하지 말고 도전하는 것도 의미가 있을 것이다.

책상

책상

필요 재료　　스프러스 판재 18t(상판), 미송 집성목 15t(다리와 틀), S.P.F.구조재
38x38, 페인트, 손잡이, 경첩, 스테인, 목공 본드

1. 집성 판재를 직각으로 연결해 다리를 만든다.

2. 만든 다리를 2개씩 보강목으로 연결한다.

3. 2에서 만든 것을 2개씩 보강목으로 연결해 사각형 틀 다리를 완성한다.

4. 스프러스 판재를 각재로 연결하여 상판을 만든다.

5. 안쪽 면을 위로 오게 두고 다리 틀을 뒤집어 끼운 후 만들어진 상판에 다리 틀을 올린다.

6. 상판과 다리 틀을 옆에서 나사로 결합한다.

7. 넓은 판재 2개를 각재로 연결해서 밑판을 만든다.

8. 밑판을 아래에서 다리 틀과 연결한다.

9. 경첩 자리를 조각도로 2mm 정도 홈을 파서 수납 앞판을 준비한다.

10. 손잡이를 단다.

11. 경첩으로 밑판과 앞 뚜껑을 연결한다.

12. 서랍이 아닌 문 형태의 책상 모습.

나무 벤치

다리에 상판을 올리는 테이블형 가구의 응용 방법인데 한 쪽 다리를 더 높게 만들면 벤치가 된다.

이번에는 다리를 집성목으로 만들지 않고 튼튼한 각재를 이용해 만들었다. 만드는 순서는 앞에 들어갈 짧은 다리와 등받이 부분의 긴 다리를 연결해 상판을 올리는 것으로 다리 한 쪽이 길고 등받이가 추가될 뿐 결국 다리끼리 연결하고 상판을 올리는 형태이다.

 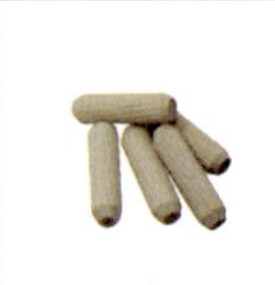 

필요 재료   뉴송(또는 미송) 집성각재 60x60, 45x45, 브러싱 판재, 목심, 바니쉬

나무 벤치   ※뒷면 도면 참조

‥‥> 1. 60x60 각재와 45x45 각재를 원하는 사이즈로 재단 주문한다.

2. 등받이 부분은 이중 드릴 날로 나사 머리가 깊이 박히도록 미리 구멍을 뚫어 놓고 나사를 이용해 하나씩 연결해 간다. 이때 직각으로 나사를 박는 것이 중요하다.   3. 완성된 등받이 부분.

4. 나사를 이용하여 짧은 다리와 긴 다리를 보강목으로 연결한 다리를 2개 만든다. 다리는 60x60 각재 사용.

5. 두 개의 다리를 긴 지지대용 나무로 연결한다.   6. 만들어 놓은 등받이 부분을 뒤쪽 긴 다리에 결합한다.

7. 앉을 상판을 받쳐 줄 아래 버팀목을 만든다.   8. 이미 만들어 놓은 등받이를 연결한 다리에 버팀목을 결합한다.

9. 보강목과 버팀목에 앉을 상판이 될 판재를 하나씩 연결한다.   10. 앉을 상판을 모두 연결한 모습.

11. 등받이의 나사 머리 자리에 목공 본드를 이용해 목심을 고정한 후 구멍을 메꾼다.

12. 튀어 나온 목심을 톱을 이용해 잘라 내고, 바니쉬로 마감한다.

각재 틀
가구 만들기

드레스 장

하중을 많이 받거나 크기가 커서 힘을 받아야 하는 가구는 판재로만 만들기보다는 각재를 활용하면 좋다. 우리 집은 아일랜드 식탁, 오븐 수납장, 쿡탑장 등을 각재로 만들었다. 가장 최근에 만든 각재 틀 가구는 작은방의 드레스 장이다. 드레스 장은 각재를 틀로 하고 서랍을 재활용해 두 군데 서랍도 넣었다. 각재 부분을 검정색으로 칠해 철재 가구 느낌이 나는 각재틀 가구로 이미 많은 분들이 블로그를 보고 따라 만들었을 정도이니 방법이 어려운 것은 아니다. 다만 각재는 나사를 2개씩 연결해 주어야 뒤틀리지 않는다. 그래서 구멍을 많이 뚫어야 하는 게 어려운 점에 속한다. 같은 형태로 작은 수납장도 만들 수 있다.

사전 준비 및 주의점

각재 틀 가구는 일반적으로는 뒤틀리지 않게 판재를 연결하지만 우리처럼 몇 개의 각재 가구를 서로 연결할 때는 옆판을 막지 않을 수도 있다. 원래 계획은 문을 다는 것이었는데 작은방이 너무 작아서 답답해 보이지 않도록 오픈 드레스 장으로 사용하고 있다. 옷걸이 봉과 연결 부속은 원하는 크기로 제단까지 해 주는 인터넷 철물점을 이용하면 된다.

드레스 장

필요 재료   S.P.F.구조재 38x38, 뉴송 집성목 15t(서랍 앞판), 미송 합판 12t, 버려진 서랍, 옷걸이 철물, 스테인, 페인트

1. 나사를 박을 때 나무가 쪼개지지 않도록 결합할 위치에 미리 이중 드릴 날로 구멍을 뚫어 놓는다.

2. 기둥이 되는 각재와 가로가 되는 각재를 나사로 연결해 사각형 틀을 만든다.

3. 가구의 각이 잘 맞으려면 드릴링을 할 때 최대한 직각으로 뚫어야 한다. 또한 연결 후 나무가 돌아가지 않도록 구멍은 2개씩 뚫는다. 기둥을 가운데 두고 같은 높이에 직각으로 나무를 연결할 때는 수직과 수평으로 구멍을 2개씩 뚫으면 같은 높이라도 직각 연결이 가능하다.

4. 사각형 틀에 가로 각재를 대 준다.

5. 뒤쪽에 사각형 틀을 연결해 전체 틀을 완성한다. 서로 연결해 뒤틀림을 최대한 방지했다.

6. 천장에 합판을 결합할 수 있도록 보조 각재를 위쪽에 연결한다. 꺾쇠를 사용해도 좋다. 보조 각재나 꺾쇠를 이용해 천장에 합판을 단다.

7. 옷을 걸 수 있는 철봉과 걸이를 준비한다.

8. 걸이를 가로 각재에 결합한다. 이때 가로 각재는 세로 각재 끝으로 부터 대략 5~8cm가량의 차이를 두고 결합해야 옷을 걸 수 있다.

9. 가로 각재에 연결하기 곤란할 때는 옷걸이 철물을 따로 구입한다.

10. 옷걸이 철물은 사진과 같이 천장에 연결해 준다.

11. 원하는 위치에 레일을 달고 서랍을 만들어 넣는다.

12. 기둥은 검은색 페인트로 칠하고, 서랍 앞판은 스테인으로 마감한다.

life
life
1
2
3
4
5
6
7
8
9
10
11
12

아래에 조명을 넣어 간접조명의 효과를 주었다. 예전 침대는 수납장을 만들어 넣느라 침대 다리를 높게 올렸더니 침실이 좁아 보이기도 했고 매트리스도 높아져 이번에는 침대 다리를 짧게 만들었다.

사전 준비 및 주의점

침대 헤드와 옆면 각재의 연결도 커넥팅 볼트와 번데기 너트를 사용했다. 하지만 사진과 같이 한 단면에 볼트와 너트 1쌍만을 사용했더니 등받이 부분에 흔들림이 있었다. 침대 헤드가 벽과 밀착되는 경우에는 별 상관이 없지만 벽과 붙어 있지 않을 경우에는 볼트와 너트를 한 단면에 최소 2개 이상을 연결해야 할 듯하다.

HOW TO MAKE

조명이 있는 침대

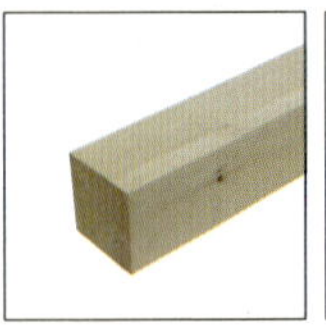

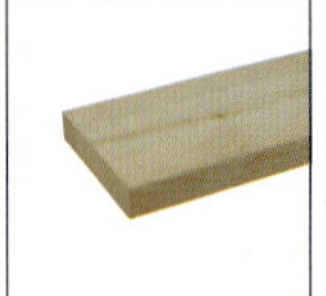

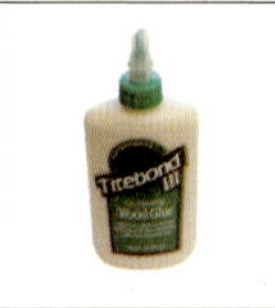

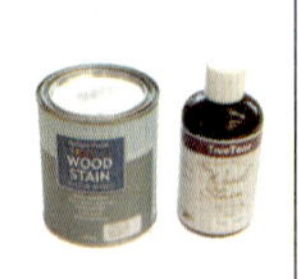

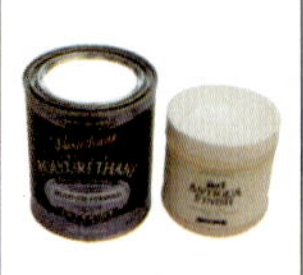

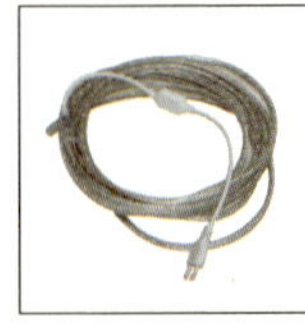

필요 재료 뉴송(또는 미송) 집성 각재 60x60, 45x45, 스프러스 판재 18t(갈빗살), 목공 본드, 흰색 스테인, 바니쉬, 멀티튜브 LED

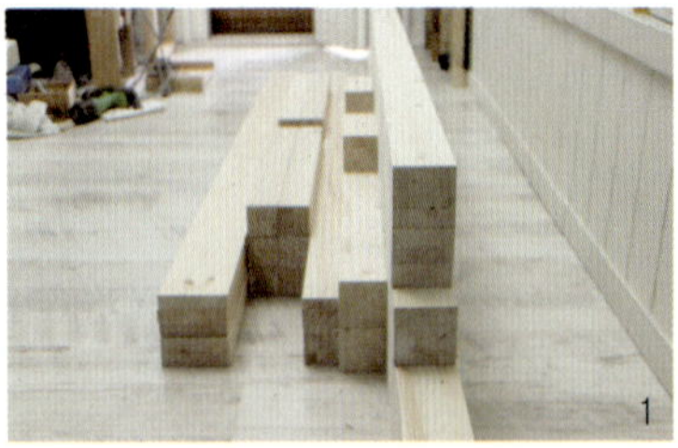
1
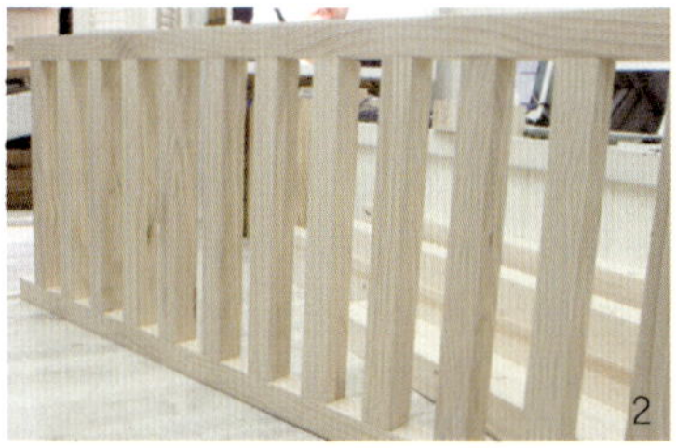
2
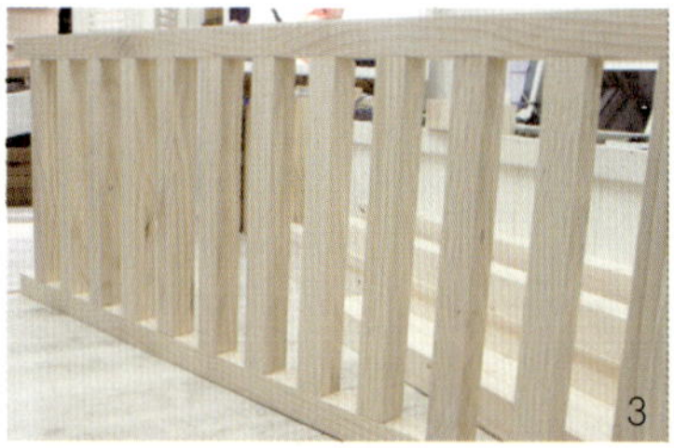
3
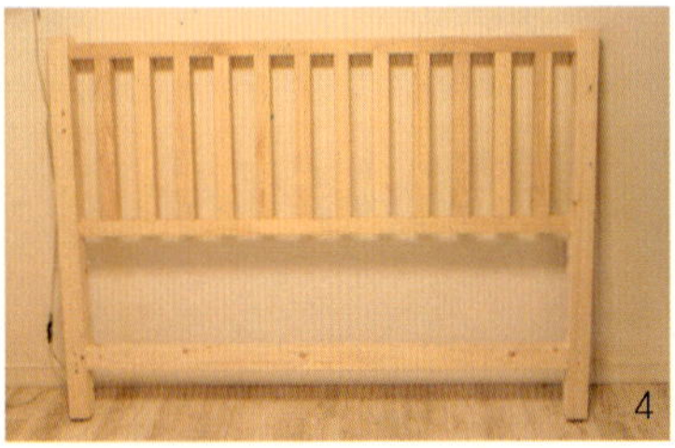
4
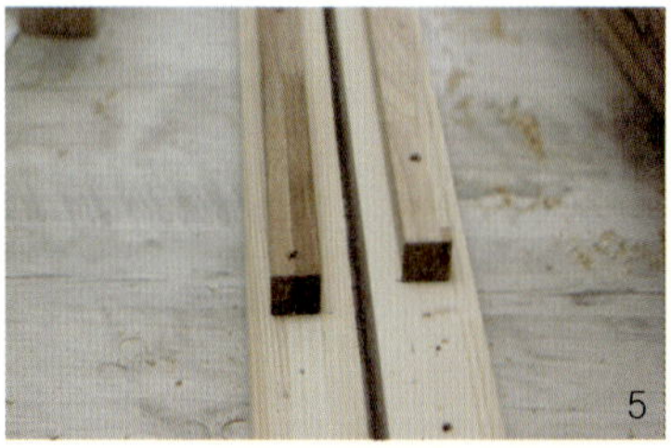
5
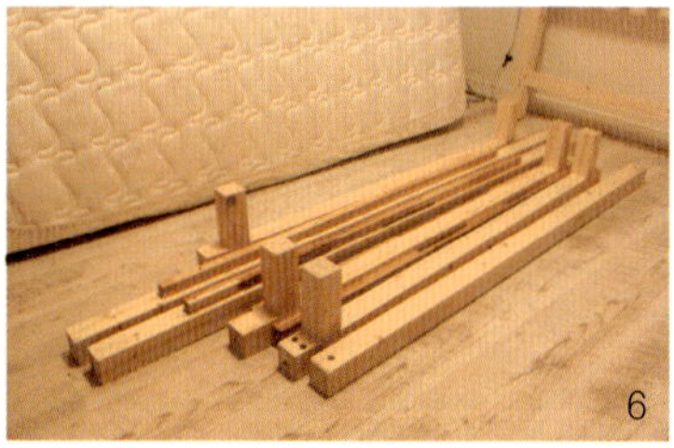
6
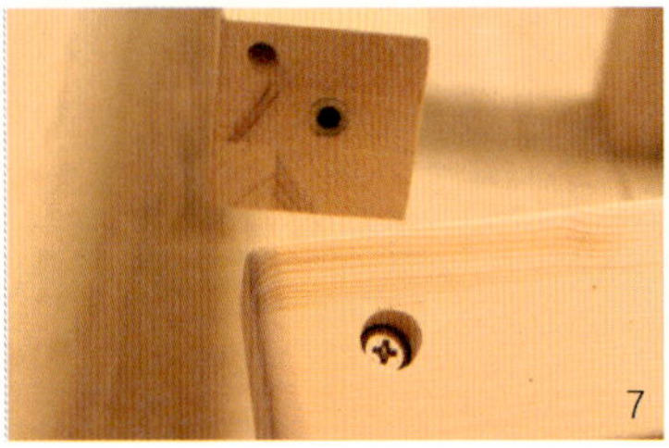
7
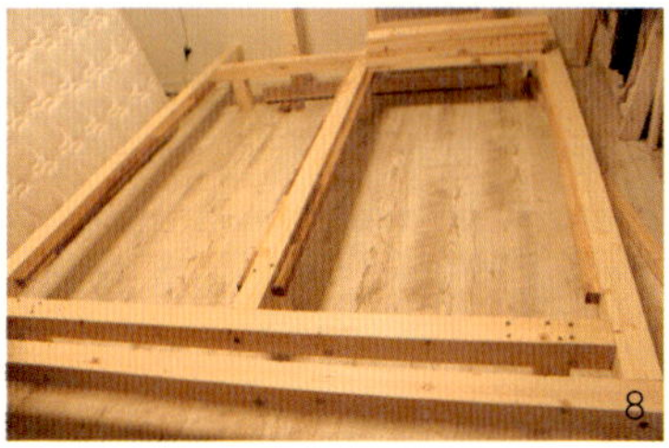
8

···➤ 1. 침대에 사용할 나무를 준비한다.

2. 침대 헤드 보드에 넣을 등받이 부분을 먼저 만든다. 위아래 받쳐 줄 나무의 정 가운데에 연필로 줄을 긋고 간격을 표시해 드릴로 먼저 반 정도 구멍을 뚫는다.

3. 살이 될 각재도 단면 가운데 미리 구멍을 살짝 내 주고 나사로 결합한다.

4. 만들어 놓은 등받이에 양옆 기둥과 아래쪽 지지대를 연결하면 헤드 보드가 완성된다.

5. 갈빗살 형태로 침대 바닥을 만들기 위해 나무를 얹을 수 있도록 옆판에 라왕각재를 대 준다.

6. 받침이 될 다리가 달린 각재 3개(머리 쪽, 다리 쪽, 침대 가운데 세로로)와 갈빗살을 얹어 줄 각재 2개(양옆 1개씩), 가장자리 프레임이 될 각재 2개(머리 쪽, 다리 쪽)를 준비한다.

7. 전체 프레임은 분리하기 쉽도록 커넥팅 볼트와 번데기 너트를 사용해 연결한다.

8. 앞에서 준비한 각재들을 연결하여 전체 틀을 완성한다.   9. 갈빗살 부분을 얹고 고정한다.

10. 헤드 보드에 살을 연결하며 생긴 구멍을 가려 주기 위해 나무를 목공 본드를 이용해 붙인다.

11. 완전히 굳을 때까지 클램프로 조여 둔다.

12~13. 스테인을 칠한다. 우리는 화이트워시 느낌이 나도록 흰색 안티쿠아 피니쉬 와이핑 스테인을 사용했다. 스테인이 마른 후에는 고운 사포(400번)로 한 번 샌딩한다.

14~15. 걸레질 등의 생활 방수를 위해 바니쉬를 바른다.

**문의 종류와
문틀 만들기**

문을 만드는 방법은 여러 가지가 있다. 먼저 문틀이 있는 경우에는 각재를 이용하거나 12~15t 집성목을 2겹 붙여서 만들 수 있고, 문틀 안쪽은 유리를 끼우거나 판재, 철망, 갤러리, 가로 패널, 세로 패널 등으로 막는 등의 다양한 방법이 있다.

또 문틀이 없는 경우도 있는데 그럴 때 많이 사용하는 방법은 세로 패널 모양으로 만들고 앞쪽이나 뒤쪽에 가로 보강목을 대 주는 것이다. 따라서 문을 어떤 스타일로 만들 것인가를 결정하고 난 후에 그런 스타일을 만들려면 어떤 방법이 좋을지를 결정해야 한다.

문의 종류

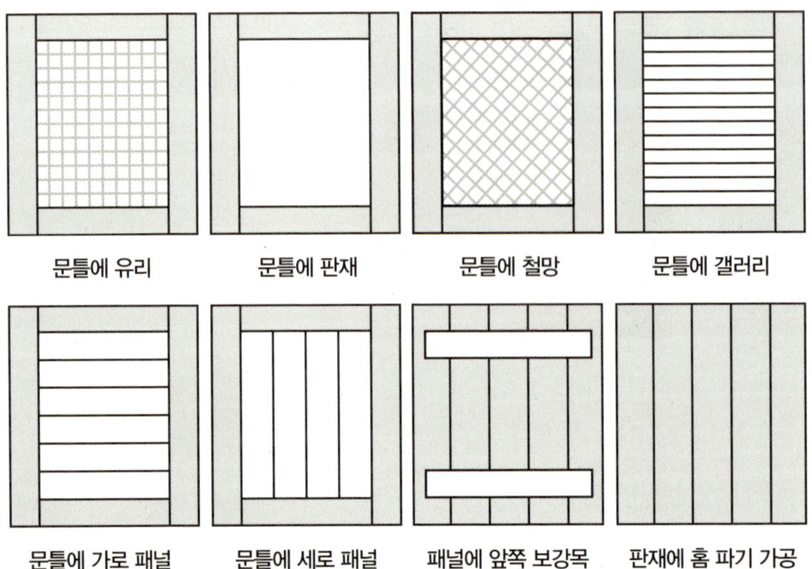

각재로 문틀 만들기

각재로 문틀을 만들 때는 가급적 뒤틀림이 적은 건조 각재로 만드는 것이 좋다. 셀프 인테리어 초기에 만든 안방 창문은 저렴한 투바이포 각재를 사용했는데 시간이 가면서 모양이 변형되어 지금도 한쪽 문은 완전히 뒤틀려 있다. 하지만 저렴한 비용으로 집 안의 분위기를 바꾸었다는 점을 생각하면 나름 만족하는 면도 있다.

원하는 크기로 각재를 재단한 후에 세로 각재의 양 옆에서 나사 머리가 들어 갈 수 있는 크기의 구멍을 각재 폭의 3분의 2가량의 깊이로 뚫어 놓는다.(사용하는 나사에 따라 다르겠지만 대략 8~10mm 굵기의 드릴비트를 사용한다.) 드릴링을 할 때 직각으로 뚫는 것이 중요하다. 그래야 보다 정확한 모양의 문틀을 만들 수 있다.

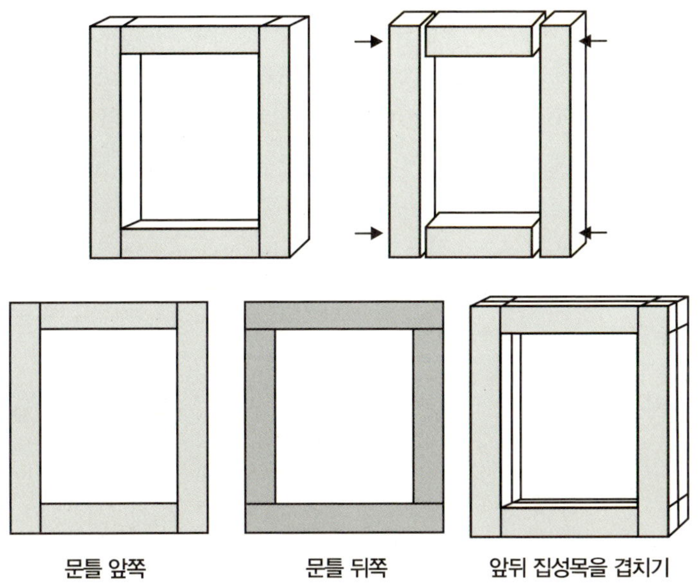

집성목으로 문틀 만들기

집성목을 이용하여 문틀을 만들 때는 미송 집성목이 적합하다. 미송 집성목 2겹을 겹쳐서 만들기 때문에 사용할 미송 집성목의 두께 12t, 15t, 18t에 따라 문의 두께가 정해진다. 12t로 만들면 24mm, 15t로 만들면 30mm, 18t로 만들면 36mm 두께의 문을 만들 수 있다. 두께의 종류가 더 다양한 MDF를 집성목 대신에 사용하면 보다 다양한 두께의 문을 만들 수 있다. 물론 MDF의 유해함은 감안해야 한다.

위 그림에서 볼 수 있듯이 앞쪽과 뒤쪽 집성목을 목공 본드로 붙이고 뒤쪽에서 두 나무가 고정될 수 있도록 문 두께보다 짧은 나사를 몇 군데 박아 준다.

문과 같은 크기의 직사각형 판재(집성목 또는 MDF 또는 합판) 앞에 사각틀을 붙여서 만들 수도 있다.

문 안쪽에 패널 붙이기

문틀 안쪽에 세로 패널을 붙일 수도 있다. 이때 세로 패널을 고정하기 위해 뒤쪽에 패널을 고정할 수 있는 아주 얇은 각재가 필요하다. 가로 패널도 동일하게 안쪽에 고정용 나무를 대서 만들 수 있다. 안쪽에 패널을 넣는 방법을 사용할 때 주의할 점이 있다. 그것은 패널의 폭이 대부분 정해져 있기 때문에 내가 원하는 문의 크기와 맞지 않을 수 있다는 것이다. 아일랜드 식탁 문을 만들 때 사용한 패널은 80mm였는데 대부분 패널은 80mm를 많이 사용한다. 따라서 패널 3장을 넣으면 폭이 240mm에 문틀의 두께 5mm씩을 더해 문의 전체 폭은 340mm가 된다. 패널 4장을 넣으면 문의 전체 폭은 420mm가 된다. 따라서 안쪽에 패널을 넣을 계획이라면 문의 크기를 결정할 때 패널의 폭을 고려해야만 한다. 이때 문틀의 폭을 조정하거나 대패로 패널의 폭을 줄여서 전체 문의 폭을 어느 정도 조정할 수는 있다.

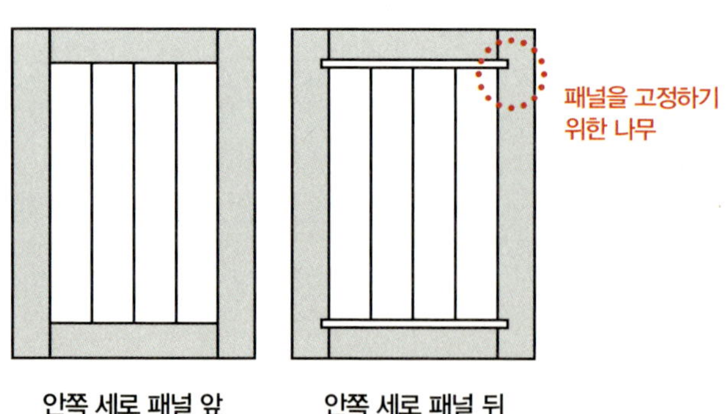

안쪽 세로 패널 앞　　　　안쪽 세로 패널 뒤

문틀에 철망을 다는 것은 주로 공기가 통해야 하는 야채 보관장 문을 만들 때 많이 사용한다. 또 먼지가 들어가면 안 되는 가구에 철망을 사용하려면 철망에 랩을 같이 사용하면 된다. 그러면 유리가 들어가는 문보다 가벼우면서 유리처럼 내부가 보이는 문을 만들 수 있다. 철망은 'ㄱ'자 꺾쇠나 얇은 나무조각으로 뒤쪽에서 고정해 주면 된다.

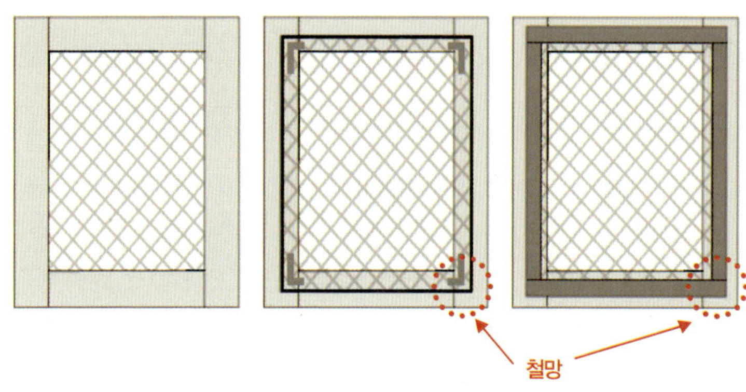

유리문 만들기

유리를 끼운 문은 다른 문에 비해 만들기가 어렵고, 홈 파기 가공을 해야 해서 비용이 더 들어가지만 나무로 막힌 문보다 훨씬 개방감이 있고, 안에 있는 물건도 쉽게 찾을 수 있어 그릇장과 같은 가구에 사용하면 좋다. 문틀에 유리를 끼우는 것은 가공을 신청하고 액자틀 절단 서비스를 받으면 더 깔끔한 문을 완성할 수 있다.

요즘은 일반 유리보다는 무늬가 있는 유리를 많이 사용하는데 특히 각두기 모양의 고방 유리가 가장 인기 있다. 무늬 유리도 종류가 많으므로 원하는 스타일의 유리를 고르면 된다.

틀이 되는 나무 조각을 연결하는 방법은 나무가 맞물리는 부분에 목공 본드를 칠한 후에 긴 나사로 박아 주거나 나사 자리가 보이지 않도록 나무못(목심)을 이용하면 더 완성도 있게 만들 수 있다.

목심을 사용할 땐 직각으로 드릴링을 해야 하고 양쪽 모두에 정확한 위치로 구멍을 뚫어야 하기 때문에 작업대와 도웰링 도구가 필요하다.

최근에 만든 그릇장 유리문은 목심을 이용해서 만들었다.

그릇장에 만든 문은, 높이 397mm, 길이 715mm, 문틀의 폭 40mm, 두께 18mm 뉴송 집성목으로 만들었다. 그런데 문을 위로 열어 놓기 위해 가스 실린더를 안쪽에 달아 보니 문틀의 폭이 좁았다. 혹시 비슷하게 만들려는 독자들이 있다면 문틀의 폭을 최소 50mm이상으로 하는 것이 좋을 것 같다.

낡고 작은 집 인테리어

유리문

···▷ 1. 나무를 주문할 때 액자틀 사선과 홈 파기 가공을 함께 한다. 홈 파기는 폭 5mm, 깊이 10mm로 가공했다.

2. 문틀은 먼저 사선 방향과 직각으로 목심을 끼울 구멍을 뚫는다. 이때 서로 연결된 부분의 구멍 위치가 같아야 정확한 모양의 문틀을 만들 수 있다.

3. 목공 본드와 목심을 이용하여 문틀을 유리를 끼울 수 있게 'ㄷ'자 모양으로 만든다.

4. 'ㄷ'자 모양의 문틀에 유리를 끼운다.

5. 유리를 끼운 후에 마지막 한 조각을 목공 본드와 전기 타카를 이용해서 고정하여 문틀을 완성한다.

6. 유리가 조금 흔들릴 수 있기 때문에 실리콘으로 고정해 준다.

(TIP) 유리 크기 계산하기

홈의 깊이가 10mm이기에 유리는 홈 안쪽으로 8~9mm가 들어가야 한다. 문틀 안에 들어가는 유리의 크기를 계산하면

#유리의 가로=문 전체 가로 길이-(문틀의 폭×2)+(홈에 걸리는 유리×2)

= 715-(40×2)+(8×2)=651mm

#유리의 세로=문 전체 세로 길이-(문틀의 폭×2)+(홈에 걸리는 유리×2)

=397-(40×2)+(8×2)=333mm

따라서 유리의 크기는 333×651mm이 된다

버려진 서랍장들은 서랍 자체의 문제보다는 외관이나 연결 부위에 문제가 있어 버려지는 경우가 대부분이다. 그래서 재활용하기 좋다. 폭이 좁은 서랍은 양념 선반을 만들 수 있고 뒤판을 떼고 거기에 철망을 대서 인테리어 장식품을 만들 수도 있다. 나무를 사기에 부담을 느꼈던 셀프 인테리어 초기에 우리는 재활용 배출지에서 서랍 나무를 많이 주워 왔는데 주로 서랍으로 사용했고 양념 선반이나 키보드 수납 박스 등을 만들기도 했다.

서랍 재활용

1. 재활용할 서랍의 앞판을 떼어 낸다. 끌을 사용하면 편리하다.

2. 앞판을 떼어 내면 보통 'ㄷ'자 모양의 타카심이 박혀 있다. 망치와 펜치로 타카심을 제거한다.

3. 서랍 레일을 달아 준다. 서랍 레일도 종류가 많으니 취향대로 고른다. 4. 앞판을 떼어 낸 서랍을 끼운다.

5. 서랍 앞판이 가구 틀과 일정한 간격을 유지할 수 있도록 시다심을 끼운다. 시다심이 없다면 화투장을 활용할 수도 있다.

6. 시다심 위에 준비한 앞판을 놓는다. 앞판은 미송 집성목이나 뉴송 집성목을 사용하면 좋다.

7. 적당한 길이(서랍 앞판으로 나사가 튀어나가지 않을 정도)의 나사로 앞판을 놓은 상태로 서랍 안쪽에 2곳 정도를 고정한다.

8. 앞판을 연결한 서랍이 잘 맞는지 끼워서 확인한다.

9. 서랍의 정확한 위치가 잡히면 나사를 1개 정도 더 박아 준 후에 도색 작업을 위해 서랍 앞판을 샌딩한다.

10. 오일스테인을 준비한다. 우리는 대니쉬 오일 오크색을 사용했다. 11. 오일스테인으로 서랍 앞판을 칠한다.

사전 준비 및 주의점

서랍 앞판은 한 번에 정확히 맞추는 것이 쉽지 않다. 맞지 않는다면 다시 나사를
풀었다 위치를 조금 변경한 후에 새로 고정하면서 앞판의 정확한 위치를 맞춰야
한다. 잘 맞추면 2~3번 만에 정확한 위치를 맞출 수 있다. 서랍 안쪽에 2~3곳 나사
자리가 남을 수밖에 없지만 안쪽이라 괜찮다.

손잡이 홈 파는 방법

서랍에 손잡이를 달아 주는 것이 가장 일반적인 방법이지만 서랍 앞판에 홈을 파
서 손잡이 없이 사용할 수도 있다. 서랍에 손잡이용 홈을 파는 방법은 조금 귀찮기
는 하지만 보다 더 모던한 분위기의 가구를 만들고 싶다면 도전해 볼 만하다. 다음
과 같이 작업하면 된다.

1. 손잡이로 사용할 크기를 정하고 연필로 그려 준다.

2. 직소기로 양옆을 '11'자 모양으로 자른다.

3. 한쪽만 대각선 방향으로 잘라서 직소기 날이 들어갈 수 있도록 귀를 딴다.

4. 귀를 따낸 곳에서 시작하며 직소기로 연필로 그려 놓은 선을 따라 잘라 낸다.

5. 반대편에서 남은 부분을 마저 잘라 낸다.

6. 'ㄷ'자 모양으로 잘린 모습.

7. 서랍 안쪽에 손가락을 걸 수 있도록 조각도로 홈을 판다.

8. 홈을 파서 완성된 모습.

레일 있는 서랍 계산하고, 레일 달기

서랍에 레일을 달아 주면 여닫기가 편리하다. 레일에는 2단 레일과 3단 레일이 있는데 3단 레일은 서랍을 열었을 때 앞으로 많이 나오기 때문에 물건을 서랍에 수납하기가 용이하다.

레일을 달기 위한 계산

서랍 레일 자체의 두께가 있기 때문에 그 두께만큼 서랍을 작게 만들어야 외곽 틀 안으로 레일과 서랍이 들어갈 수 있다. 먼저 서랍이 들어가야 할 가구의 폭을 잰 후에 다음과 같이 계산하면 된다.

서랍의 폭　전체 폭−(나무의 두께x2)−(3단 레일의 두께x2)

 # 3단 레일의 한쪽의 두께는 13mm이다.

서랍장의 폭이 381mm 일 경우에

서랍의 폭　381−(18x2)−(13x2)=381−36−26=319mm

서랍의 높이는 서랍의 앞판보다는 작아야 하며, 본인의 취향에 따라 정하면 된다.

서랍Ⓐ, Ⓑ의 높이는 100mm, 서랍ⓒ의 높이는 120mm로 정했다.

서랍의 깊이　옆판의 폭−서랍 앞판의 두께−뒤판의 두께−여유분

=390−18−12−3=357mm

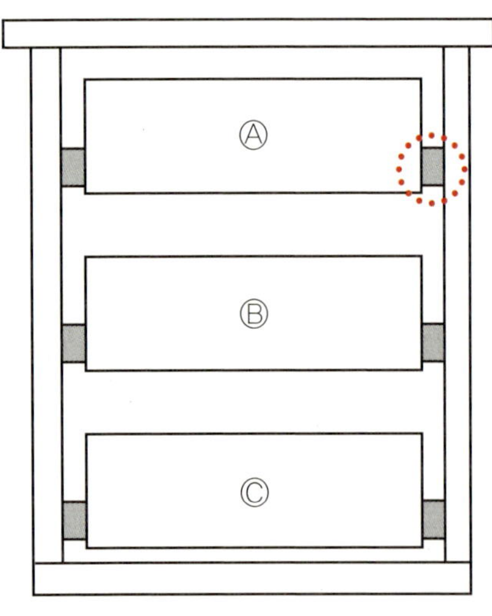

3단 레일 폭 13mm

서랍의 깊이에서 여유분은 3mm가 적당하나, 개인 취향에 따라 조금 더 여유를 둘 수도 있다. 따라서 서랍의 Ⓐ 크기는 폭 319, 높이 100, 깊이 357mm 이며, 앞에서 살펴본 대로 두께 12mm의 위가 뚫린 사각형 박스를 만들면 된다.

나무를 결합하는 방법은 망치와 못, 드릴과 나사, 전기 타카와 목공 본드, 도웰링을 이용하는 등 여러 가지가 있다. 아래에 소개된 여러 결합 방법 중에서 자신이 가지고 있는 공구를 고려해서 결합하면 된다.

망치와 못

망치와 못을 이용해서 나무와 나무를 결합하는 방법이다. 가장 쉽게 해 볼 수 있는 방법이지만 정밀한 작업에는 한계가 있다. 또한 못을 잘못 박았을 경우 못을 빼고 다시 박는 과정이 번거롭다. 또한 망치 작업 시 발생하는 소음이 큰 것이 단점이다. 하지만 드릴과 나사로 결합하는 것보다 작업 속도가 빠른 것은 장점이다.

드릴과 나사

가장 흔하게 쓰는 결합 방법 중의 하나이다. 정밀한 작업이 가능하며 혹시나 잘못 결합했을 때 역방향으로 쉽게 풀 수 있어서 결합 및 분리가 편리하다. 완전히 결합하고자 할 때에는 목공 본드를 함께 쓰는 것이 좋다. 주의할 점은 나사보다 가는 드릴 날로 구멍을 먼저 뚫어 놓은 후에 나사를 박는 것이 좋다. 그렇지 않을 경우에는 나사가 박히면서 가끔 나무가 쪼개지는 경우도 있다. 최근에는 드릴 날 기능이 장착된 나사가 나오기도 한다. 만약 나사 머리가 눈에 거슬릴 때에는 목심으로 마감을 해 주면 깔끔한 가구를 만들 수 있다.

전기 타카와 목공 본드

작업의 속도 면에서는 전기 타카를 이용하는 것도 좋다. 전기 타카를 이용하면 짧은 시간 안에 작업을 마무리할 수 있다. 전기 타카는 나사에 비해 결합력이 약하기 때문에 반드시 목공 본드를 함께 사용해야 한다. 또한 전기 타카를 박을 때 자국이 남지 않도록 주의를 요한다. 자국이 남는다면 타카를 조금 덜 박은 후에 망치로 박아 주면 보다 깔끔한 작업이 가능하다. 작업 속도가 빠르다는 점이 최고의 강점이다.

도웰링

못이나 나사로 연결해 가구를 만들 경우에 못 자리나 나사 머리 자리가 난다. 하지만 안쪽에서 목심으로 가구를 연결하면 못이나 나사 자리가 없는 깔끔한 가구를 만들 수 있다. 또한 나사로 연결한 가구보다 더 튼튼한 가구를 만들 수 있다.

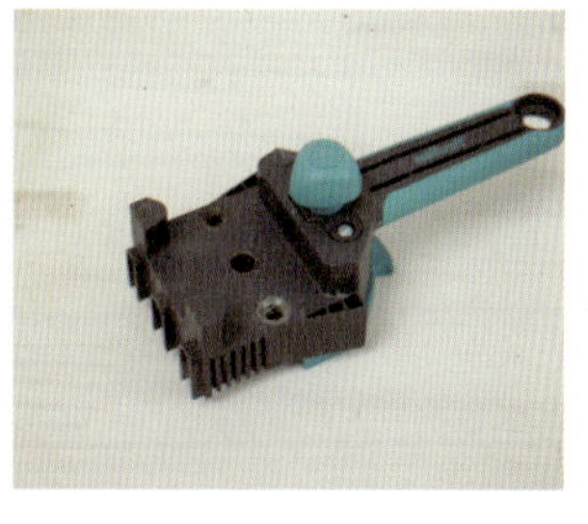

목심으로 가구를 만들려면 연결되는 양쪽 모두 정확한 위치에 목심이 들어갈 구멍을 뚫어야 하는데 이때 위치를 잡아 주는 도구가 필요하다. 가장 쉽게 사용 할 수 있는 도구는 도웰포인트이다. 도웰포인트는 한쪽에 구멍을 뚫어 놓고 도웰포인트를 그 위치에 끼운 후 마주하는 나무에 자국을 내는 것이다. 드릴프레스가 있으면 도웰포인트로 위치만 잡아 주어도 도웰링 작업이 가능하다. 하지만 드릴프레스가 없다면 도웰포인트로 위치를 잡아 주어도 직각으로 뚫지 못해 연결되는 나무가 틀어지기 십상이다.

또 다른 도구가 있는데 그것은 도웰마스터이다. 도웰마스터는 위치를 잡아 줄 뿐 아니라 어느 정도는 드릴을 직각으로 뚫을 수 있도록 도와주는 공구이다. 도웰마스터를 사용하려면 나무를 잡아 줄 수 있는 작업대가 있어야 작업이 수월하다.

도웰마스터 사용법

 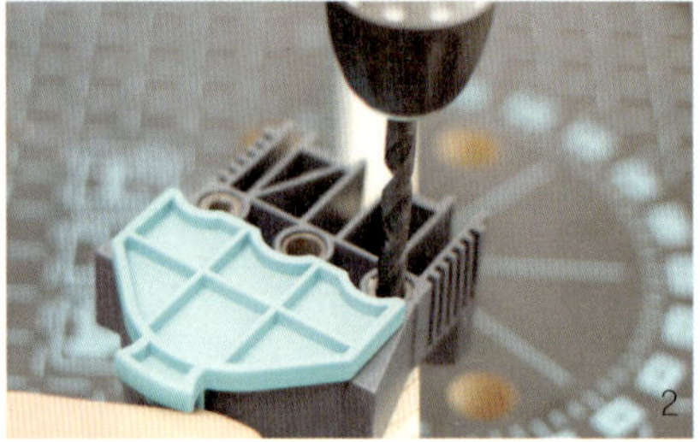 

1. 작업대에 먼저 수직으로 연결할 나무를 고정시킨다.

2. 도웰마스터에는 6mm, 8mm, 10mm의 세 개의 구멍이 있는데 원하는 목심의 굵기에 따라 구멍을 정한다. 일반적으로 많이 사용하는 목심은 8mm 굵기다. 따라서 드릴에 8mm 드릴 날을 끼운 후에 도웰마스터를 엎어 놓고, 흔들리지 않도록 한쪽으로 비튼 후에 그 구멍으로 드릴링을 하면 목재의 한가운데에 구멍을 뚫을 수 있다.

3. 드릴링을 하고 나면 사진과 같은 구멍이 생긴다. 이때 목심의 길이와 목재의 두께를 고려해서 구멍의 깊이를 결정한 후 뚫어 주어야 한다.

4. 세로로 연결할 나무에 구멍을 모두 뚫은 후에 목심을 끼워 넣는다.

5. 목심을 끼워 놓은 나무와 마주하게 될 나무를 겹쳐 놓고 도웰마스터를 다시 뒤집은 후에 구멍이 들어갈 위치를 잡는다. 이때 도웰마스터의 앞쪽에는 목심을 끼울 수 있는 부분이 있어서 8mm 크기의 도웰마스터를 끼워 놓으면 그 위치가 같은 위치가 된다. 도웰마스터의 아랫부분은 턱이 있어서 깊이를 잡아 주는데 나무의 두께에 따라 미리 맞춰 놓으면 된다.

6. 도웰마스터로 위치를 잡았으면 드릴로 구멍을 뚫는다. 이때도 완전히 구멍이 뚫려 버리지 않도록 깊이 조절을 잘해야 한다.

7. 도웰마스터로 구멍을 뚫은 후의 모습이다. 이와 같은 방법으로 연결할 모든 부위에 구멍을 모두 뚫어 놓는다.

8. 연결한 모든 위치에 구멍을 뚫은 후에는 목공 본드를 바른 후에 조립한다.

9. 목공 본드가 마를 때까지 클램프로 조이면 연결 부위가 보이지 않는 깔끔한 가구가 탄생한다.

인테리어
쇼핑몰 사이트

어디서 어떻게 재료를 구해야 할지 모르는 분들을 위해 소개하는 코너.
우리가 이용해 보고 좋았던 곳을 모아 보았다.

종합 인테리어

페인트인포　　　http://www.paintinfo.co.kr
다양한 재료와 목재 절단 주문 방식이 편리하다.
THE DIY　　　http://www.thediy.co.kr
솔리드 집성목만 취급해 나무 품질이 좋아 가구를 만들면 예쁘다.
손잡이닷컴　　　http://www.sonjabee.com
다양하고 많은 재료를 보유한 가장 큰 규모의 인테리어 사이트.

목재 전문

타이거우드　　　http://www.tigerdiy.com
직접 도면을 그려 주문하는 방식이기에 번거롭기는 하지만 가격이 저렴한 편이다.
그린베이　　　http://www.tigerdiy.com
목재와 함께 루나우드 등 다양한 데크재와 데크 시공 도구들을 취급한다.

페인트 및 스테인

나무와 사람들　http://www.jeswood.com
친환경 던에드워드 페인트, 특수 페인트 취급. 다양한 색감을 보유하고 있으며 품질
이 좋다.

철물 관련

철물마트　　　http://www.77mart.co.kr
다양한 철물 전문 쇼핑몰. 드레스 장에 사용했던 옷걸이 봉을 구한 곳이다.

아이쿠……. 드디어 끝났습니다. 《낡고 작은 집 인테리어》 재미있게 보셨나요? 평소 말투가 아닌, 책에 적합한 말투로 이야기를 쓰다 보니 내용도 딱딱해지고 계속 남의 옷을 입은 것처럼 불편해 마지막이라도 마음 편한 말투로 끝을 내 보려고요.

책마다 하고 싶은 이야기가 있을 거예요. 저희는 집에 대해 아쉬운 마음을 가진 분들이 이 책을 읽고 스스로 조금씩 자신의 집을 고쳐 나갈 수 있는 용기를 얻고 그 방법을 배워 가실 수 있는 책이 되면 좋겠다는 생각을 했습니다. 처음 의도했던 바가 얼마나 잘 표현되고 정리되었는지는 모르겠지만, 지금 현재는 '무엇이든 끝내고 나면 아쉬운 것투성이인 거야…….' 하며 스스로에게 열심히 주입 중(?) 이네요.

부부가 함께 집을 손보는 건 재미있답니다. 잘한 건 잘한 것대로 뿌듯하고, 못한 건 못한 것대로 함께한 이야기는 남아 있으니까요. 짧은 휴식 시간을 쪼개 가며 집을 손보다 보니 우리 집에는 쉼이 없다며 투덜거린 적도 있지만, 책을 준비하며 예전 집 사진도 들여다보고, 그때 있었던 일들도 떠올리면서 장하다, 고생했다, 하며 서로의 등을 토닥토닥 두드려 주기도 했어요. 집이 달라진 모습만큼이나 여러 모양의 시간들을 함께 열심히 살아가 주는 서로가 더 고맙게 느껴졌습니다.

어떤 집에 사느냐보다 누구와 사느냐가 중요하고, 우리 삶에는 집이라는 건축물보다 더 소중한 것들이 많잖아요. 기회가 된다면 부부가 함께 마음을 같이 해 함께 조금씩 집을 손보는 즐거움을 누려 보는 것도 나쁘지 않은 것 같습니다. 고치고, 다듬고, 의미 있는 것이 되는 변화의 과정은 언제나 즐거운 일이니까요. 그걸 누군가와 함께 한다면 더 그렇지 않을까요?

책 작업을 하면서 생각나는 사람들이 많았습니다. 잦은 이사에도 때마다 와서 도와줬던 학생들, 작고 낡은 집에 이사 온 저희를 도와 함께 핸디코트를 발라 주었던 동료들, 매번 우리보다 우리를 더 걱정하셨던 양가 부모님. 그리고 잘 알지 못하는 사이인데도 온라인 공간에서 만나 격려해 주고, 어려움을 같이 공감해 주셨던 많은 분들. 이렇게나마 마음속 고마움을 전해 봅니다.

마지막까지 읽어 주셔서 감사합니다. 이 책이 조금이나마 도움이 되셨다면 저희는 더 많이 즐거울 것 같습니다.

세니 김세인 & 그녀의 목수 라태화

침대 도면

뉴송각재 60x60
옆면 1980x2개 기둥 1070x2개
아래 1500x1개 1440x3개 발 150x6개
뉴송각재 45x45
등받이 가로 1440x2개
등받이 세로 405x12개
뉴송 집성목 18t 등받이 60x1439x1개
스프러스 판재 18t x 80 갈빗살 690x8개
라왕각재 28x28 갈빗살 받침 1560x4개
1070

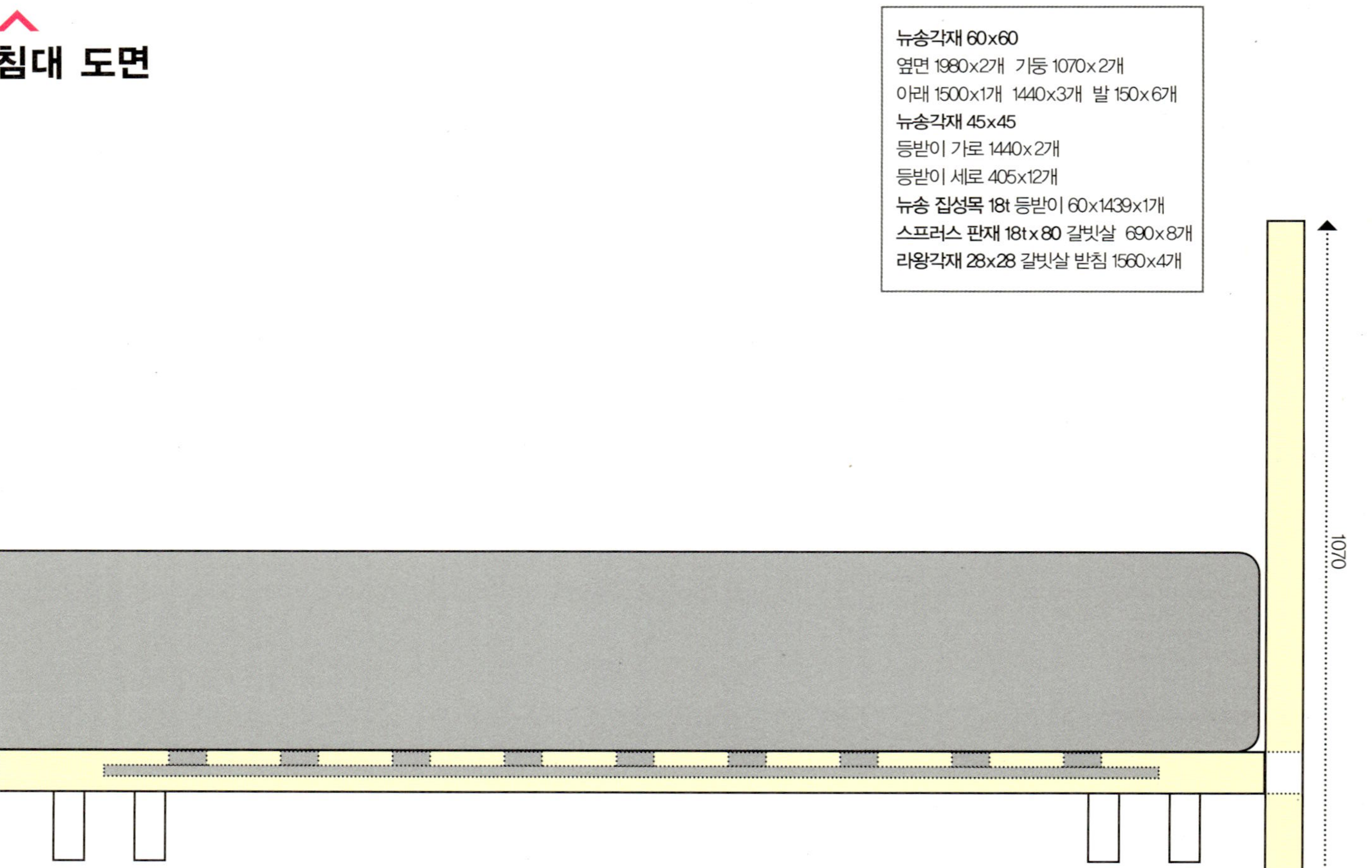

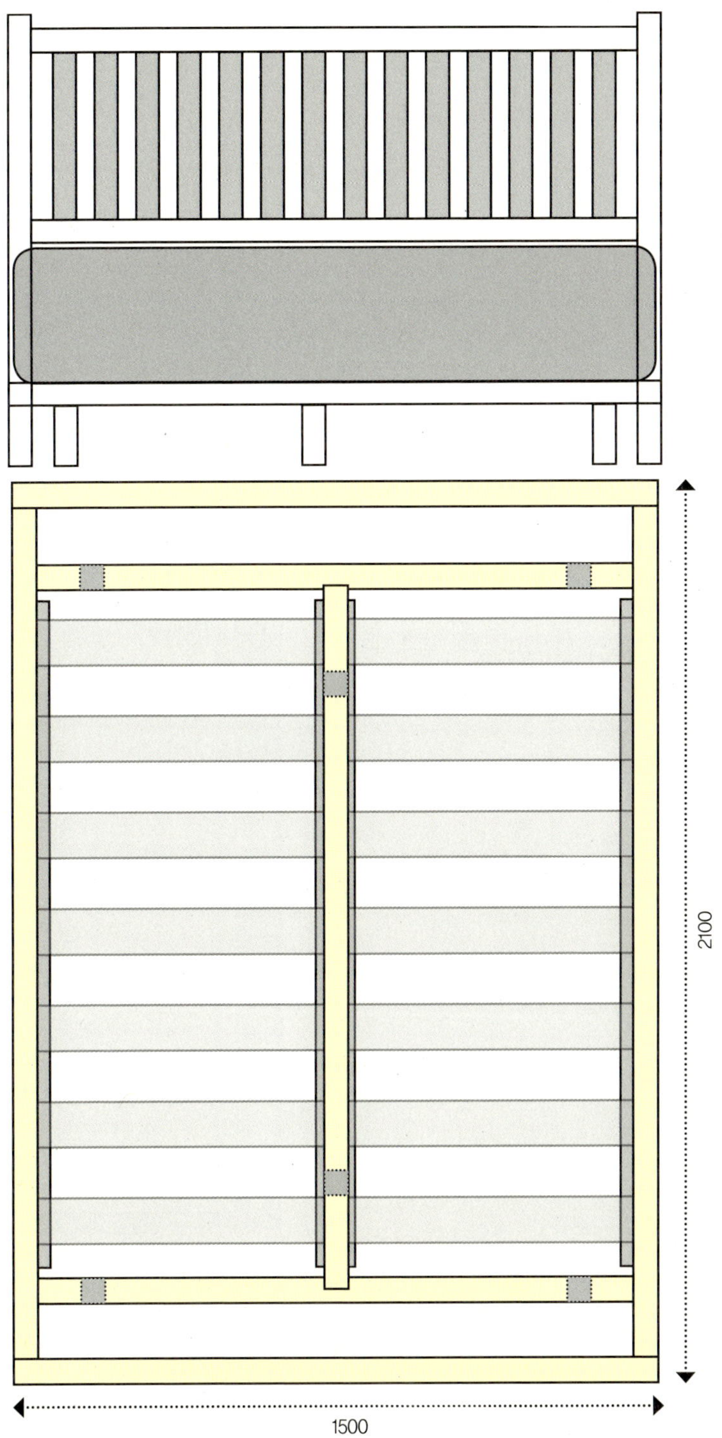

2100
1500

숨는 식탁 도면

뉴송 집성목 18t
상판 548x1040x1개
옆판 548x602x2개
지지대 50x1004x1개
548
1040
620

4단 서랍장 도면

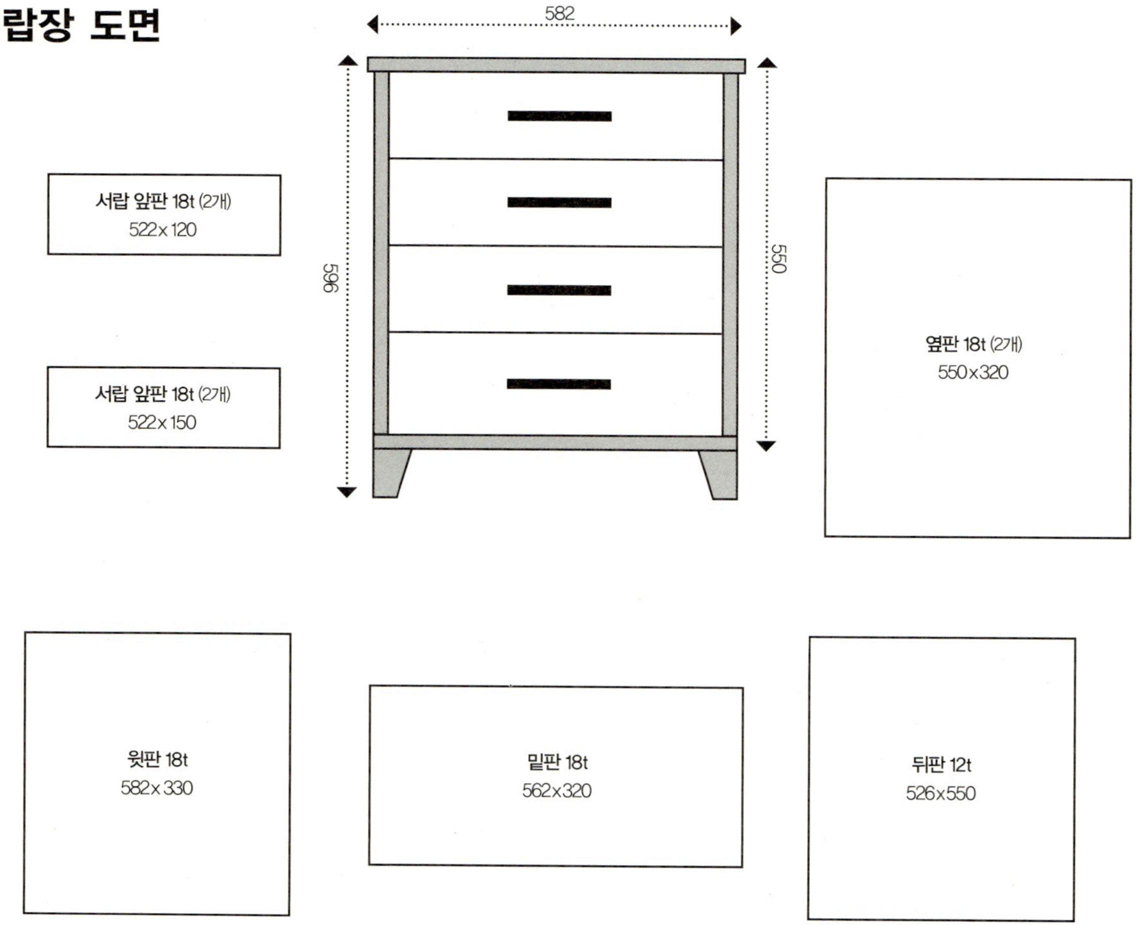

나무 벤치 도면

A 6x6 미송각재 800x2개 381x2개
B 4.5x4.5 미송각재 1470x2개 200x11개
C 4x9스프러스 판재 1470x2개
   399x2개 414x2개
D 브러싱스프러스 1590x6개(19tx8.9)

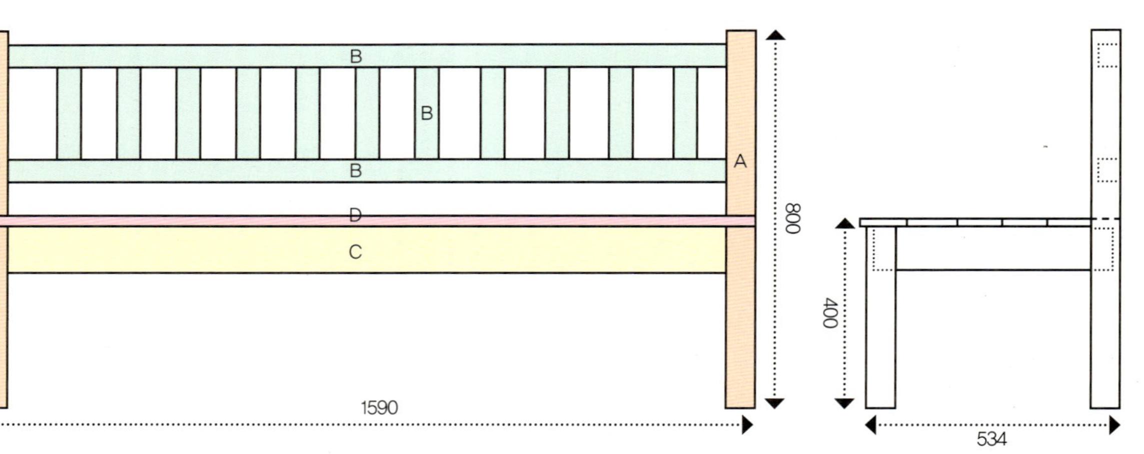

등 박스 도면

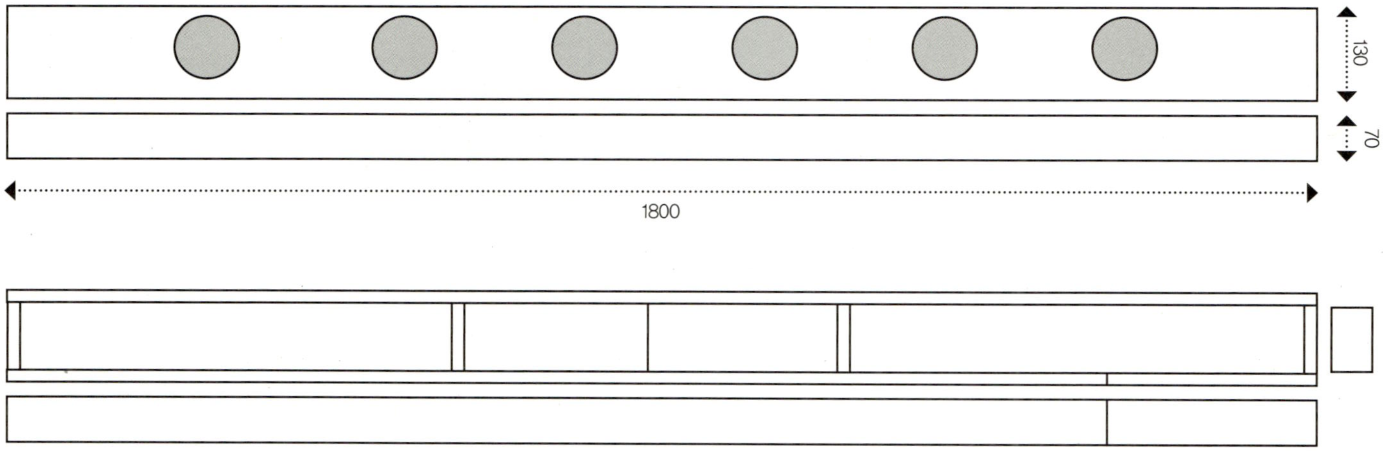

다기능 수납 소파 도면

소파 1개에 대한 수량(실제 주문은x2)
미송 집성목 12t
상판 576x900x1개 40x900x2개
라왕 각재
28x900x2개 28x514x3개
미송 집성목 18t
옆판 338x600x2개 50x864x1개

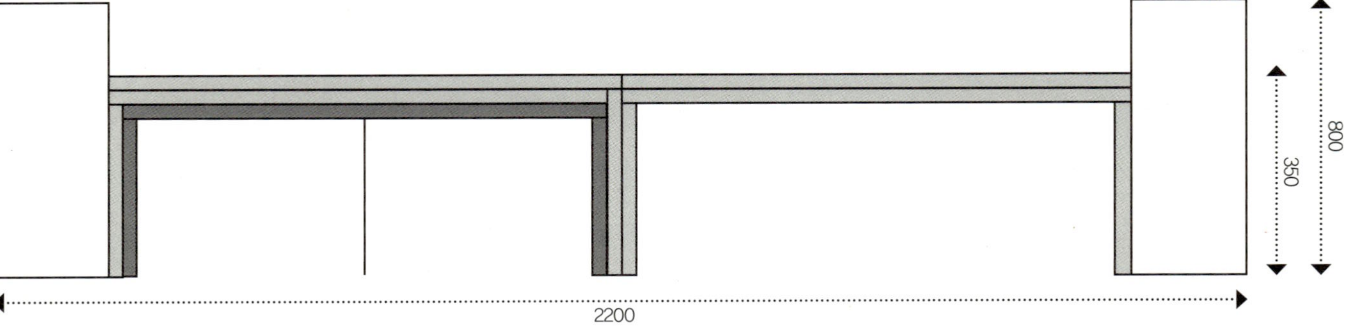

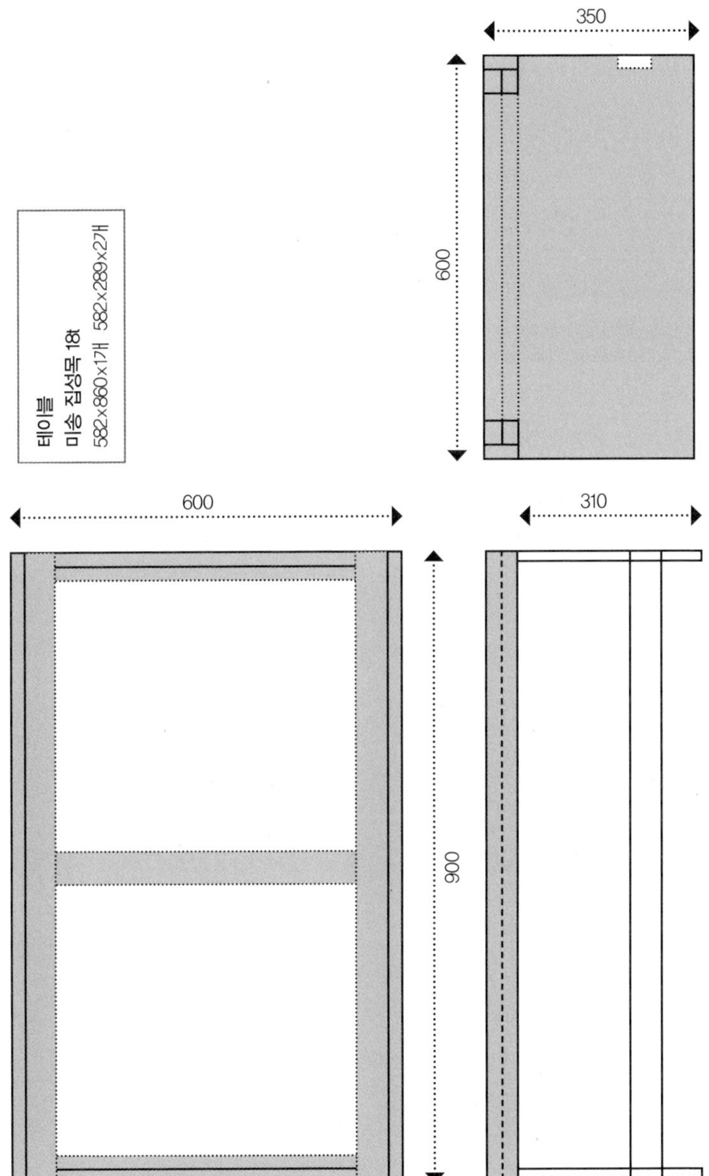
테이블
미송 집성목 18t
582×860×17H 582×289×27H
350
600
600
310
900

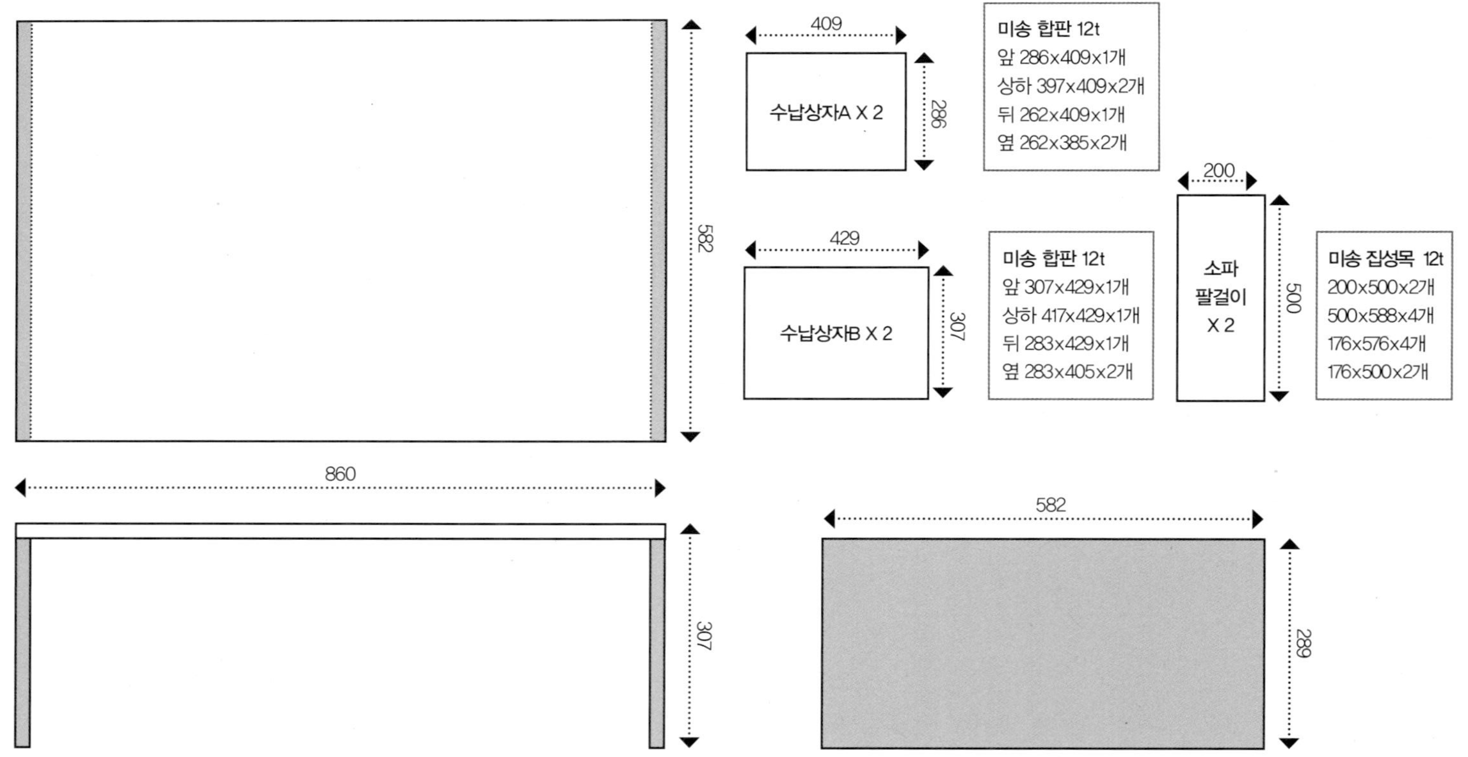

582
860
307
409
수납상자A X 2
286
미송 합판 12t
앞 286x409x1개
상하 397x409x2개
뒤 262x409x1개
옆 262x385x2개
429
수납상자B X 2
307
미송 합판 12t
앞 307x429x1개
상하 417x429x1개
뒤 283x429x1개
옆 283x405x2개
200
소파
팔걸이
X 2
500
미송 집성목 12t
200x500x2개
500x588x4개
176x576x4개
176x500x2개
582
289